じゅえき太郎《たろう》の

ゆる・ふ・わ 昆《こん》虫《ちゅう》大《だい》百《ひゃっ》科《か》

著《ちょ》 じゅえき太郎《たろう》
監修《かんしゅう》 須《す》田《だ》研《けん》司《じ》

実業之日本社

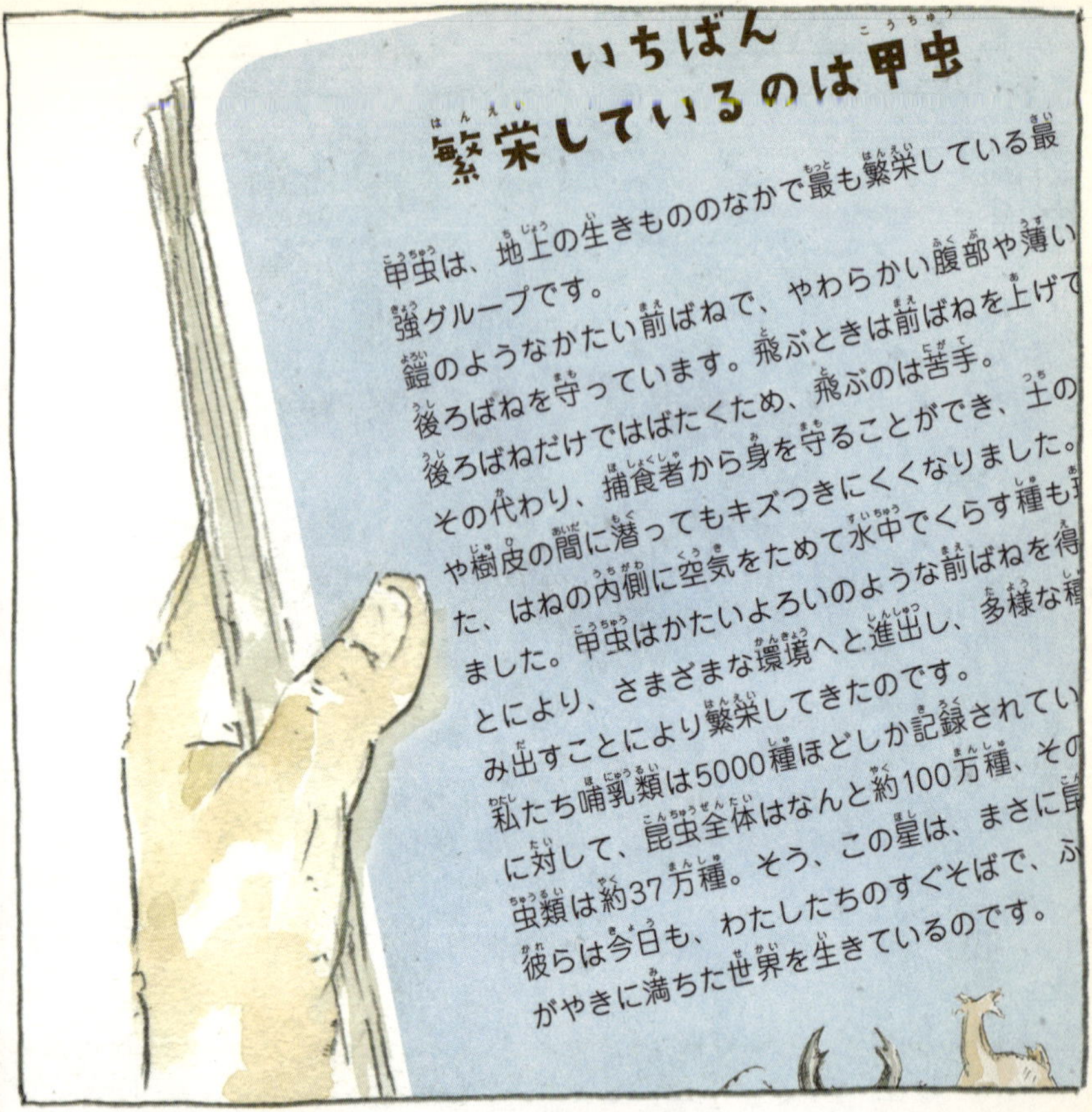
いちばん
繁栄《はんえい》しているのは甲虫《こうちゅう》
甲虫《こうちゅう》は、地上《ちじょう》の生《い》きもののなかで最《もっと》も繁栄《はんえい》している最《さい》
強《きょう》グループです。
鎧《よろい》のようなかたい前《まえ》ばねで、やわらかい腹部《ふくぶ》や薄《うす》い
後《うし》ろばねを守《まも》っています。飛《と》ぶときは前《まえ》ばねを上《あ》げて
後《うし》ろばねだけではばたくため、飛《と》ぶのは苦手《にがて》。
その代《か》わり、捕食者《ほしょくしゃ》から身《み》を守《まも》ることができ、土《つち》の
や樹皮《じゅひ》の間《あいだ》に潜《もぐ》ってもキズつきにくくなりました。
た、はねの内側《うちがわ》に空気《くうき》をためて水中《すいちゅう》でくらす種《しゅ》も
ました。甲虫《こうちゅう》はかたいよろいのような前《まえ》ばねを得《え》
とにより、さまざまな環境《かんきょう》へと進出《しんしゅつ》し、多様《たよう》な
み出《だ》すことにより繁栄《はんえい》してきたのです。
私《わたし》たち哺乳類《ほにゅうるい》は5000種《しゅ》ほどしか記録《きろく》されてい
に対《たい》して、昆虫全体《こんちゅうぜんたい》はなんと約《やく》100万種《まんしゅ》、その
虫類《ちゅうるい》は約《やく》37万種《まんしゅ》。そう、この星《ほし》は、まさに
彼《かれ》らは今日《きょう》も、わたしたちのすぐそばで、ふ
がやきに満《み》ちた世界《せかい》を生《い》きているのです。

昆虫全体《こんちゅうぜんたい》はなんと約《やく》100万種《まんしゅ》、そのうち甲虫類《こうちゅうるい》は約《やく》37万種《まんしゅ》。そう、この星《ほし》は、まさに昆虫天国《こんちゅうてんごく》。彼《かれ》らは今日《きょう》も、わたしたちのすぐそばで、ふしぎとかがやきに満《み》ちた世界《せかい》を生《い》きているのです。

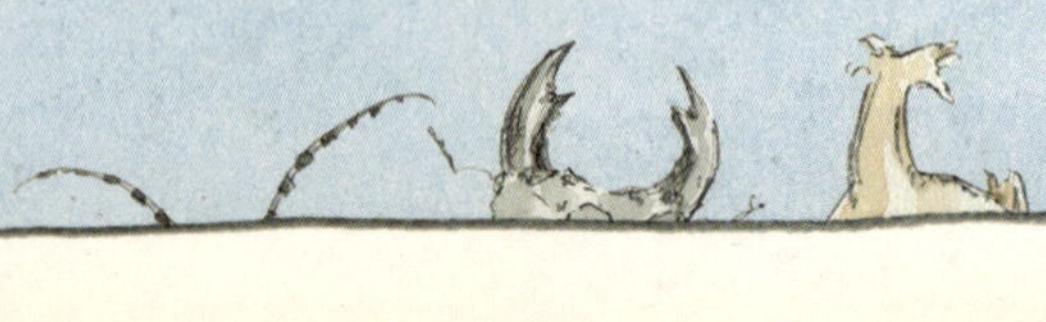

えー、うそだぁ。
ホントにそんなにいるー？
ガサガサ
!!
え…
スー…

ザッ
プ〜ン
これどこ運《はこ》ぶんだ？…
天《てん》気《き》いいわー…

あ…人間《にんげん》……
なめたさ！
スー…スー…
ムムムム
じゅえき太郎《たろう》の
ゆる・ふ・わ
昆虫《こんちゅう》大百科《だいひゃっか》

この本《ほん》の見《み》方《かた》

特徴《とくちょう》・おもしろポイント
その昆虫《こんちゅう》の生態《せいたい》のなかで特《とく》におもしろいポイント

ゆるふわ度★★★
ハチ
さすハチはすべてメス！ ハチの毒針は産卵管が変化したもので、オスはさせません。大きな巣でくらす「社会性昆虫」のものから、単独で巣作りをするものまで、生活の仕方はさまざま。
イタズラしたらチクッといくぞ!!
ニホンミツバチ
大きさ▶働きバチ 12～13mm、オスバチ 15～16mm、女王バチ 17～19mm
分布▶日本（本州、四国、九州）
メモ▶木のうろなどに巣を作り、花の蜜や花粉を食べる
社会性
カラフルさ
アリと同じく大家族！
ミツバチの巣には、1ぴきの女王バチと数千から数万びきの働きバチと数百びきのオスバチがいます。働きバチはすべてメス。蜜集めや巣の掃除、幼虫の世話などをします。
みんなおっはよー!!
蜜と花粉はこう運ぶ
働きバチは、舌を使って花の蜜を吸い、腹の中にある「蜜胃」という袋に入れて巣まで運びます。ほかの働きバチに口移しで蜜を渡し、蜜は巣に貯められます。また、後ろ足にある「花粉かご」にせっせと花粉を集めて「花粉ダンゴ」を作り、巣に運びます。
あれ？なんかついてる…
蜜胃

名前《なまえ》
ここで紹介《しょうかい》する昆虫《こんちゅう》の名前《なまえ》

基本情報《きほんじょうほう》
紹介《しょうかい》する昆虫《こんちゅう》の基本情報《きほんじょうほう》

データ
紹介《しょうかい》する昆虫《こんちゅう》の大《おお》きさ、分布《ぶんぷ》、ひとことメモ

ゆるふわチャート
各昆虫《かくこんちゅう》の特徴《とくちょう》を数値化《すうちか》

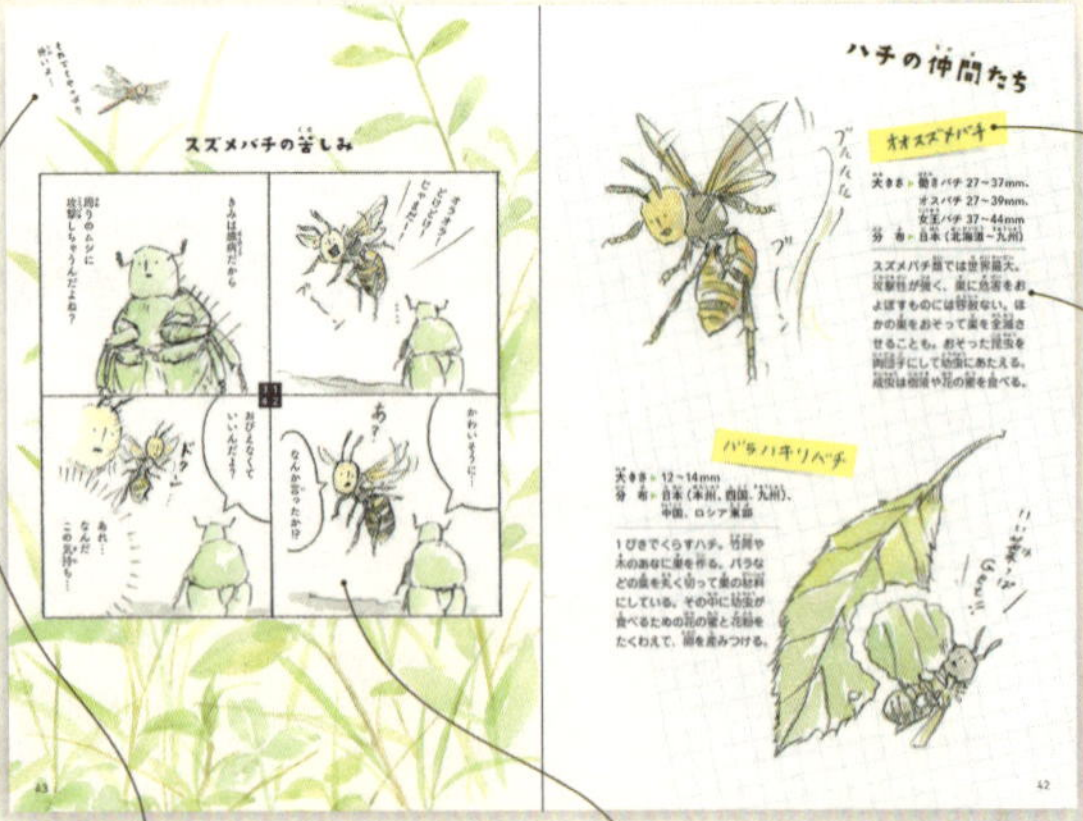

ハチの仲間たち
オオスズメバチ
大きさ▶働きバチ 27～37mm、オスバチ 27～39mm、女王バチ 37～44mm
分布▶日本（北海道～九州）
スズメバチ類では世界最大。攻撃性が強く、巣に危害をおよぼすものには容赦ない。ほかの巣をおそって巣を全滅させることも。おそった昆虫を肉団子にして幼虫にあたえる。成虫は樹液や花の蜜を食べる。
バラハキリバチ
大きさ▶12～14mm
分布▶日本（本州、四国、九州）、中国、ロシア東部
1ぴきでくらすハチ。竹筒や木のあなに巣を作る。バラなどの葉を丸く切って巣の材料にしている。その中に幼虫が食べるための花の蜜と花粉をたくわえて、卵を産みつける。
スズメバチの苦しみ
きみは凶暴だから周りのムシに攻撃しちゃうんだよね？
オラオラ～どけどけ！じゃまだ～!!
ブ～ン
かわいそうに…
あ？
なんか言ったか!?
おびえなくていいんだよ？
ドクン
あれ…なんだこの気持ち…

仲間《なかま》たち
紹介《しょうかい》する昆虫《こんちゅう》の仲間《なかま》ページ

基本《きほん》データ
この昆虫《こんちゅう》の大《おお》きさ、分布《ぶんぷ》、基本情《きほんじょう》報《ほう》など

ひとこと
昆虫《こんちゅう》たちの小《ちい》さなつぶやきを盗《ぬす》み聞《ぎ》き

マンガ
昆虫《こんちゅう》たちのゆるい日常《にちじょう》をこっそりのぞいてみよう

いろんなムシがいるのねぇ

体《からだ》の大《おお》きさの表《あらわ》し方《かた》

この本《ほん》では、昆虫《こんちゅう》たちの以下《いか》の部分《ぶぶん》を測定《そくてい》した一般的《いっぱんてき》な大《おお》きさを記《しる》しています。

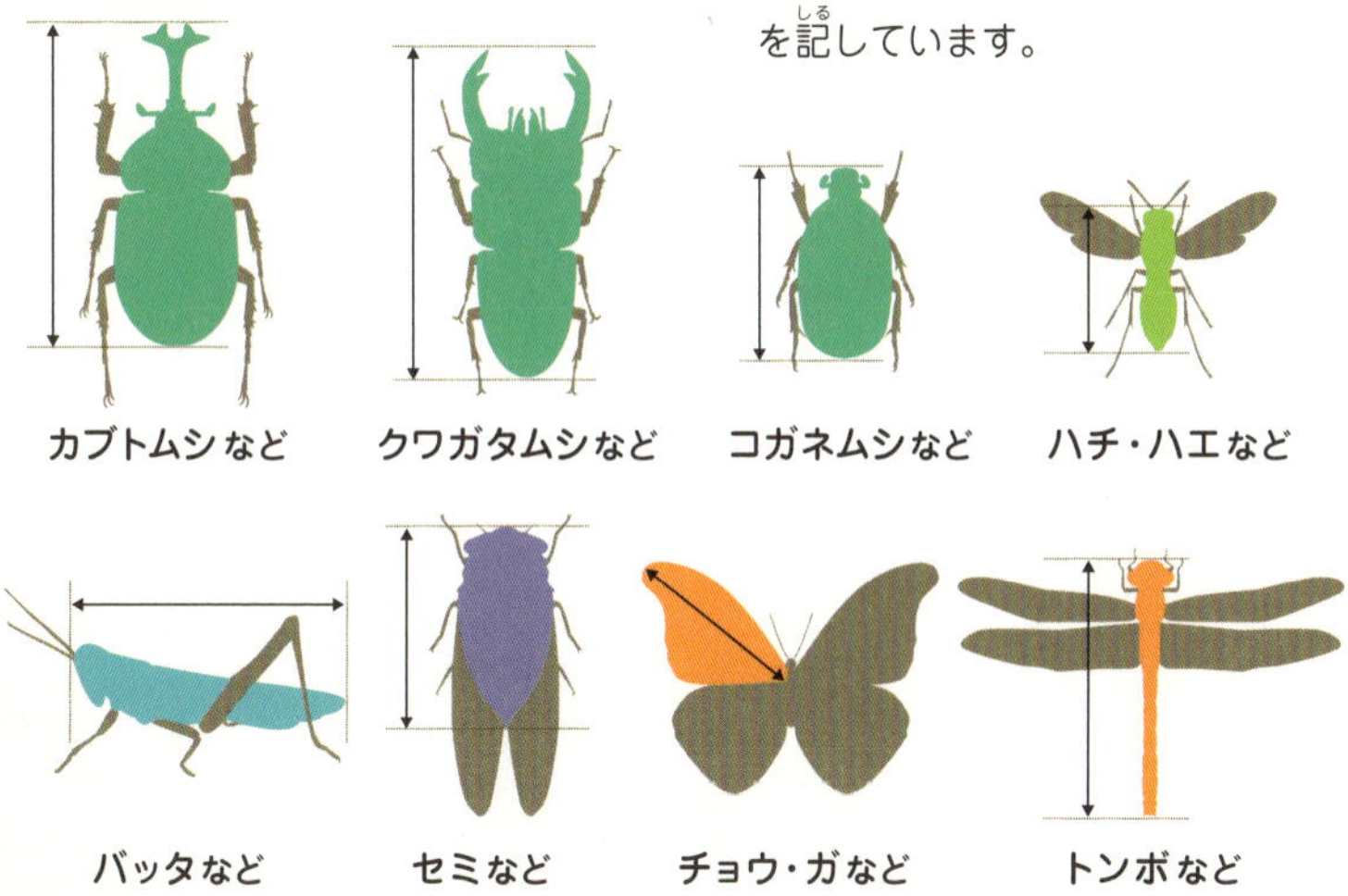
カブトムシなど
クワガタムシなど
コガネムシなど
ハチ・ハエなど
バッタなど
セミなど
チョウ・ガなど
トンボなど

昆虫《こんちゅう》の成長《せいちょう》

昆虫《こんちゅう》の成長《せいちょう》には、さなぎになる「完全変態《かんぜんへんたい》」と、さなぎにならない「不完全変態《ふかんぜんへんたい》」、シミのように成虫《せいちゅう》になっても姿《すがた》がほとんど変《か》わらない「無変態《むへんたい》」の３つのパターンがあります。

完全変態《かんぜんへんたい》（卵《たまご》→幼虫《ようちゅう》→さなぎ→成虫《せいちゅう》）

●カブトムシ、チョウなど

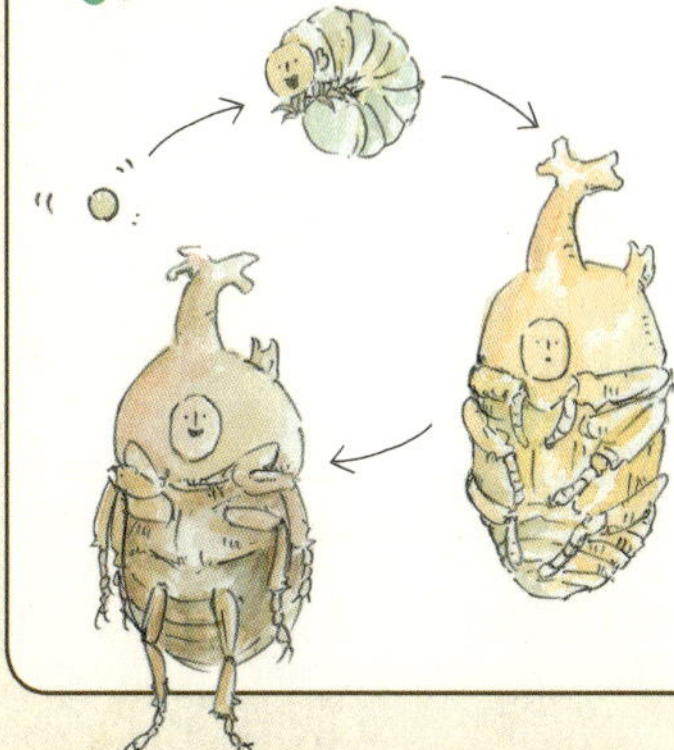

不完全変態《ふかんぜんへんたい》（卵《たまご》→幼虫《ようちゅう》→成虫《せいちゅう》）

●カマキリ、バッタなど

もくじ

第《だい》4章《しょう》 カマキリやバッタたち

第《だい》5章《しょう》 ホタルやタマムシたち

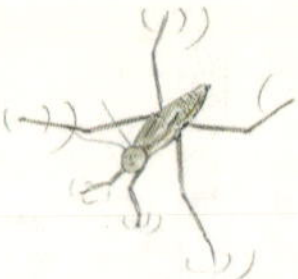

第《だい》6章《しょう》 セミやカメムシたち

ゆるふわコラム

第《だい》7章《しょう》 カやハエたち

第《だい》1章《しょう》

カブトムシやクワガタムシたち

強《つよ》くてかっこいい彼《かれ》らの
ヒミツにせまります。

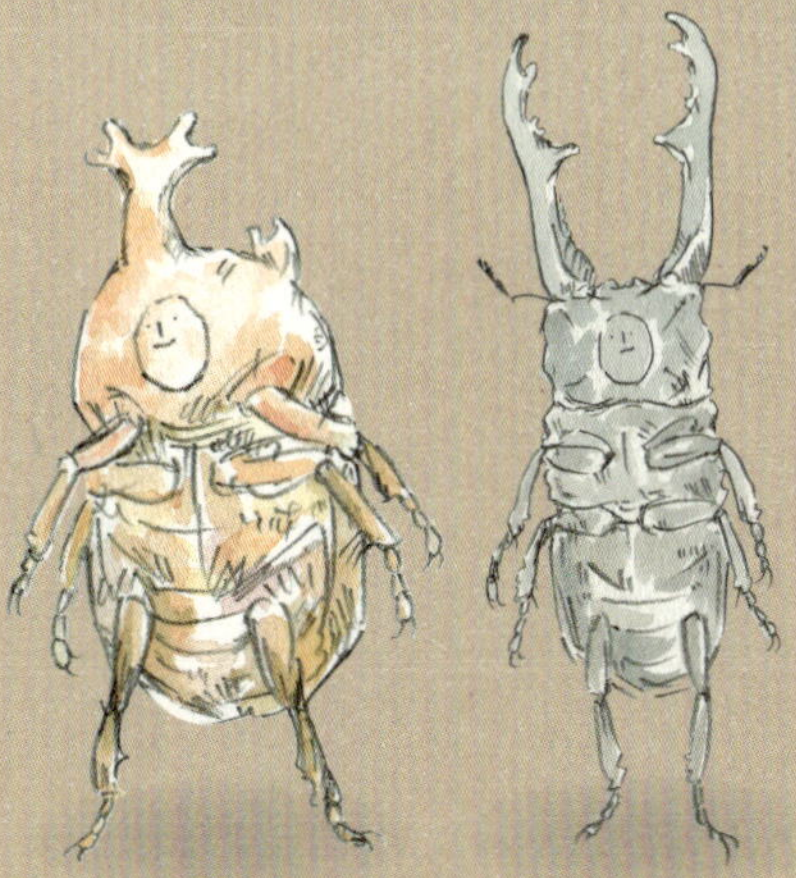

ゆるふわ度《ど》★★★

カブトムシ

雄々《おお》しい角《つの》と安定感《あんていかん》あるボディがまさにダンディ。でも好物《こうぶつ》は甘《あま》いものと、そのギャップがステキ。おもに夜《よる》に活動《かつどう》し、コナラやクヌギの樹液《じゅえき》に集《あつ》まります。

ムシといえばボクでしょ。

カブトムシ

大《おお》きさ ▶ オス 27～85mm、メス 35～55mm

分《ぶん》　布《ぶ》 ▶ 日本《にほん》（北海道《ほっかいどう》～九州《きゅうしゅう》・南西諸島《なんせいしょとう》）、朝鮮半島《ちょうせんはんとう》、中国《ちゅうごく》、フィリピン

メ　モ ▶ 成虫《せいちゅう》の寿命《じゅみょう》は約《やく》1ヶ月《かげつ》。オスは角《つの》でケンカをした相手《あいて》を投《な》げ飛《と》ばす

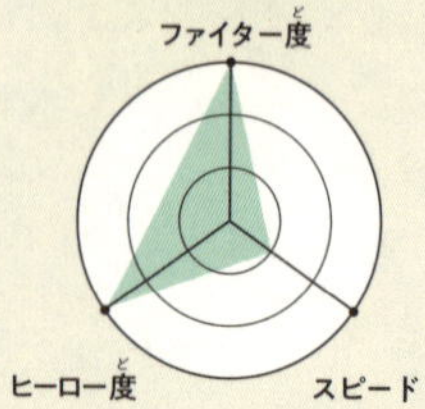

ファイター度《ど》
ヒーロー度《ど》
スピード

カブトムシがくると樹液《じゅえき》の出《で》る木《き》は大荒《おおあ》れだ！

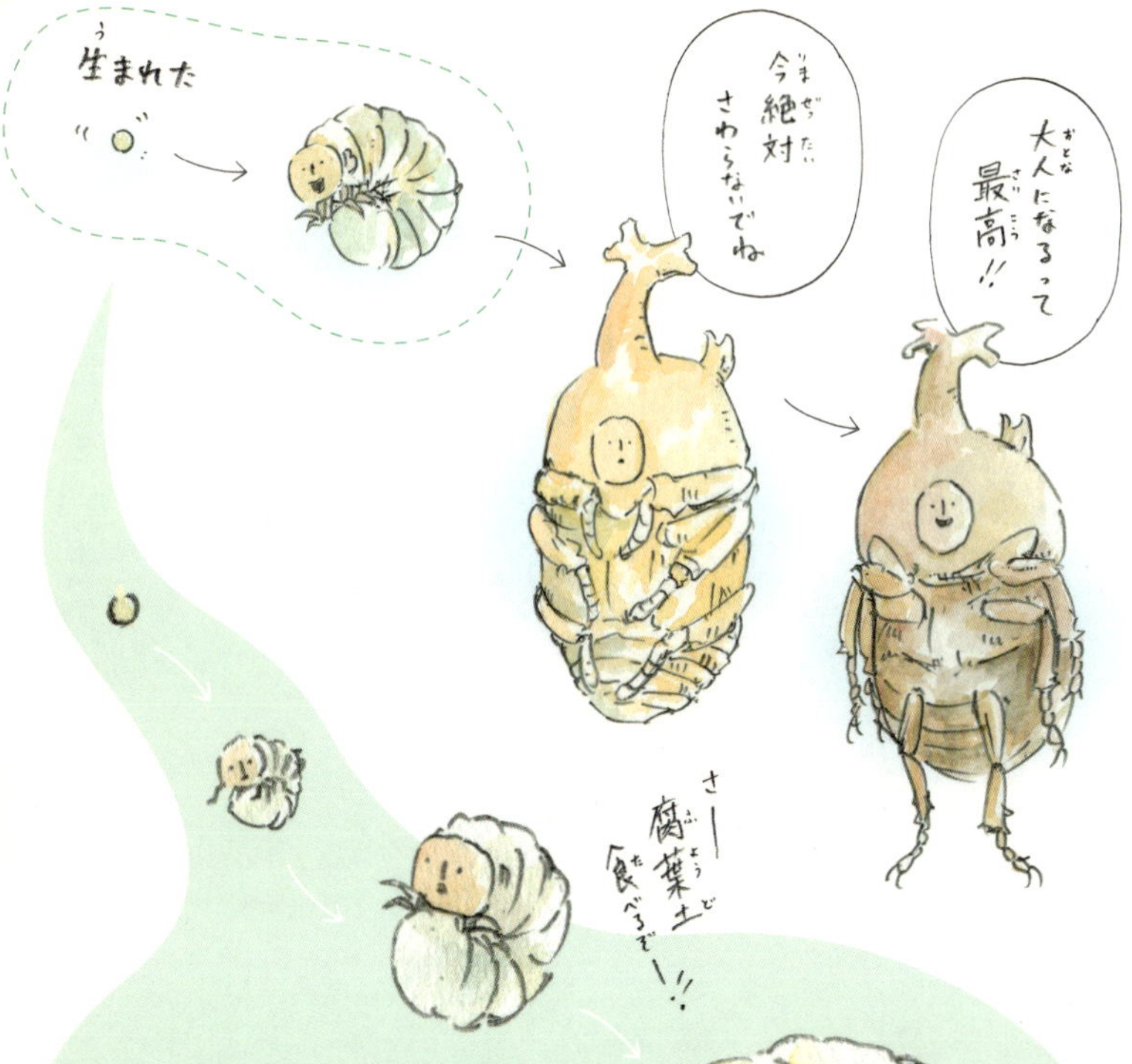

10か月《げつ》でこんなに大《おお》きく!

夏《なつ》、土《つち》の中《なか》に産《う》みつけられた卵《たまご》は10〜14日《か》でかえり、なんと10か月《げつ》ほどでこんなに大《おお》きくなります。幼虫《ようちゅう》からさなぎをへて成虫《せいちゅう》になり、初夏《しょか》に地上《ちじょう》に出《で》てきます。

実寸大《じっすんだい》

自分《じぶん》より20倍《ばい》重《おも》いものでも動《うご》かせる

体重《たいじゅう》10グラムのカブトムシなら、200グラムを引《ひ》っ張《ば》ります。人間《にんげん》でいえば体重《たいじゅう》30キログラムの子《こ》が600キログラムの荷物《にもつ》を引《ひ》っ張《ば》るということに。つな引《ひ》き大会《たいかい》で味《み》方《かた》にほしい……。

体《からだ》が重《おも》くてうまく飛《と》べない

平均《へいきん》体重《たいじゅう》10グラムと、昆虫界《こんちゅうかい》ではなかなか重《おも》めのカブトムシ。かっこいいはねがあるのに、体《からだ》が重《おも》くて飛《と》ぶのは苦手《にがて》。飛《と》び立《た》つにもひと苦労《くろう》で、スピードも出《だ》せず、着地《ちゃくち》に失敗《しっぱい》することすらあります。

カブトムシの仲間《なかま》たち

コーカサスオオカブト

大《おお》きさ ▶ オス 60～130mm、メス 50～75mm
分《ぶん》　布《ぶ》 ▶ インド、東南《とうなん》アジア

世界最強《せかいさいきょう》のカブトムシともっぱらのウワサで、気性《きしょう》が荒《あら》く、角《つの》とあしで相手《あいて》を投《な》げ飛《と》ばす。オスには長《なが》い3本《ぼん》の角《つの》がある。背中《せなか》がわのすき間《ま》がするどいつめ切《き》りのようになっていて、サルなどの捕食者《ほしょくしゃ》から身《み》を守《まも》るのに役立《やくだ》つ。ライオンをたおし、いつか生物界最強《せいぶつかいさいきょう》になろうと思《おも》っている。

オレこそ
最《さい》強《きょう》だ

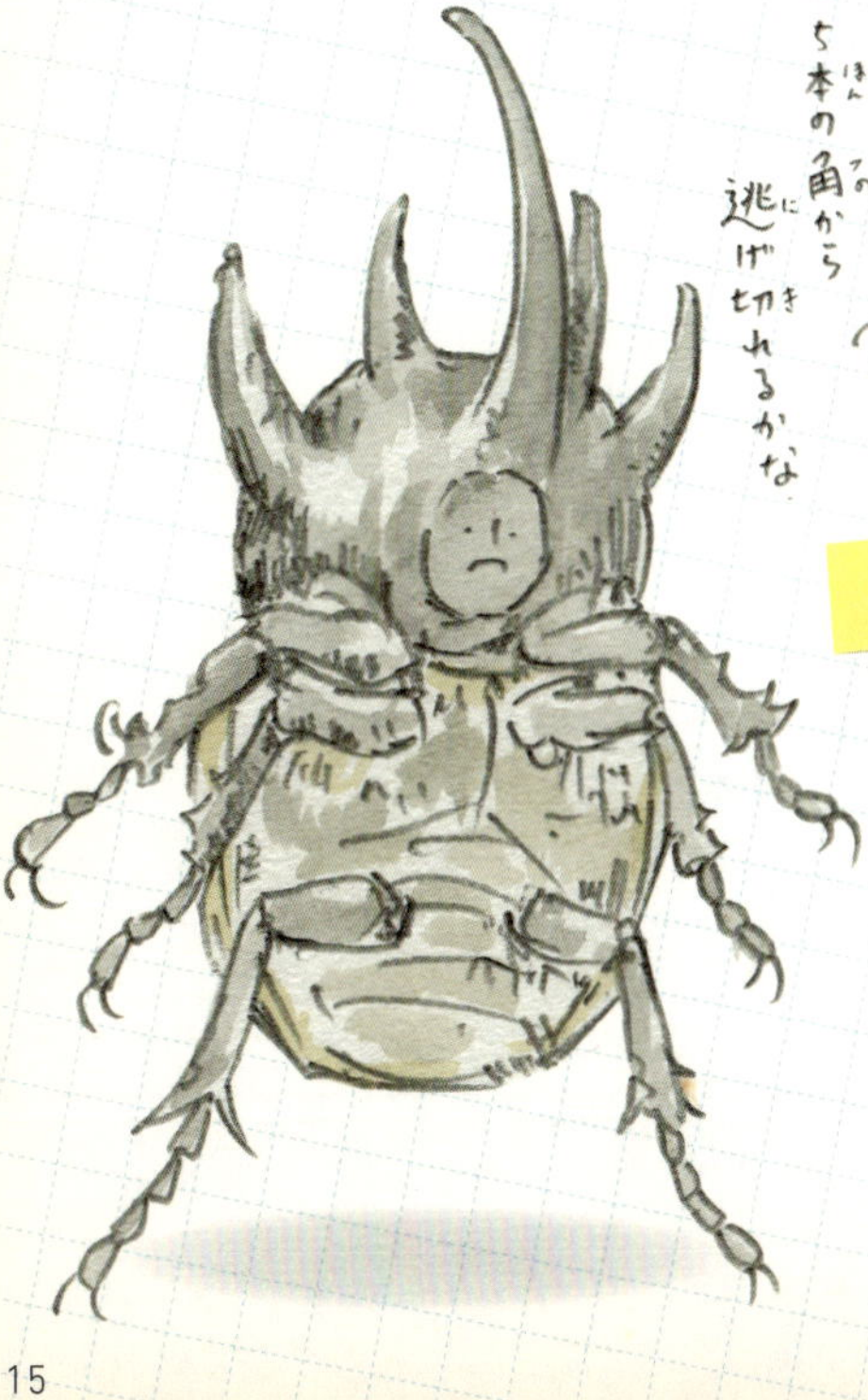
5本《ほん》の角《つの》から
逃《に》げ切《き》れるかな

ゴホンヅノカブト

大《おお》きさ ▶ オス 45～85mm、
メス 40～60mm
分《ぶん》　布《ぶ》 ▶ インド、東南《とうなん》アジア、
中国《ちゅうごく》

オスには太《ふと》い角《つの》が5本《ほん》もあり、一見強面《いっけんこわもて》だけど、じつはおとなしい性格《せいかく》。竹林《ちくりん》に集《あつ》まり、竹《たけ》の新芽《しんめ》にキズをつけて樹液《じゅえき》を吸《す》う。

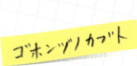

ゴライアスオオツノハナムグリ

あ、重《おも》すぎてこわれちゃいました…

大《おお》きさ ▶ オス 55～110mm、
メス 55 ～80mm
分《ぶん》　布《ぷ》▶ アフリカ

体重《たいじゅう》100gと昆虫界《こんちゅうかい》では超《ちょう》ヘビー級《きゅう》。ダイエットするどころかモリモリ食《た》べる。空気抵抗《くうきていこう》を受《う》けない速《はや》くて滑《なめ》らかな飛《と》び方《かた》ができる。前《まえ》ばねをほとんど開《ひら》かずに後《うし》ろばねで飛《と》ぶ。

ヘラクレスオオカブト

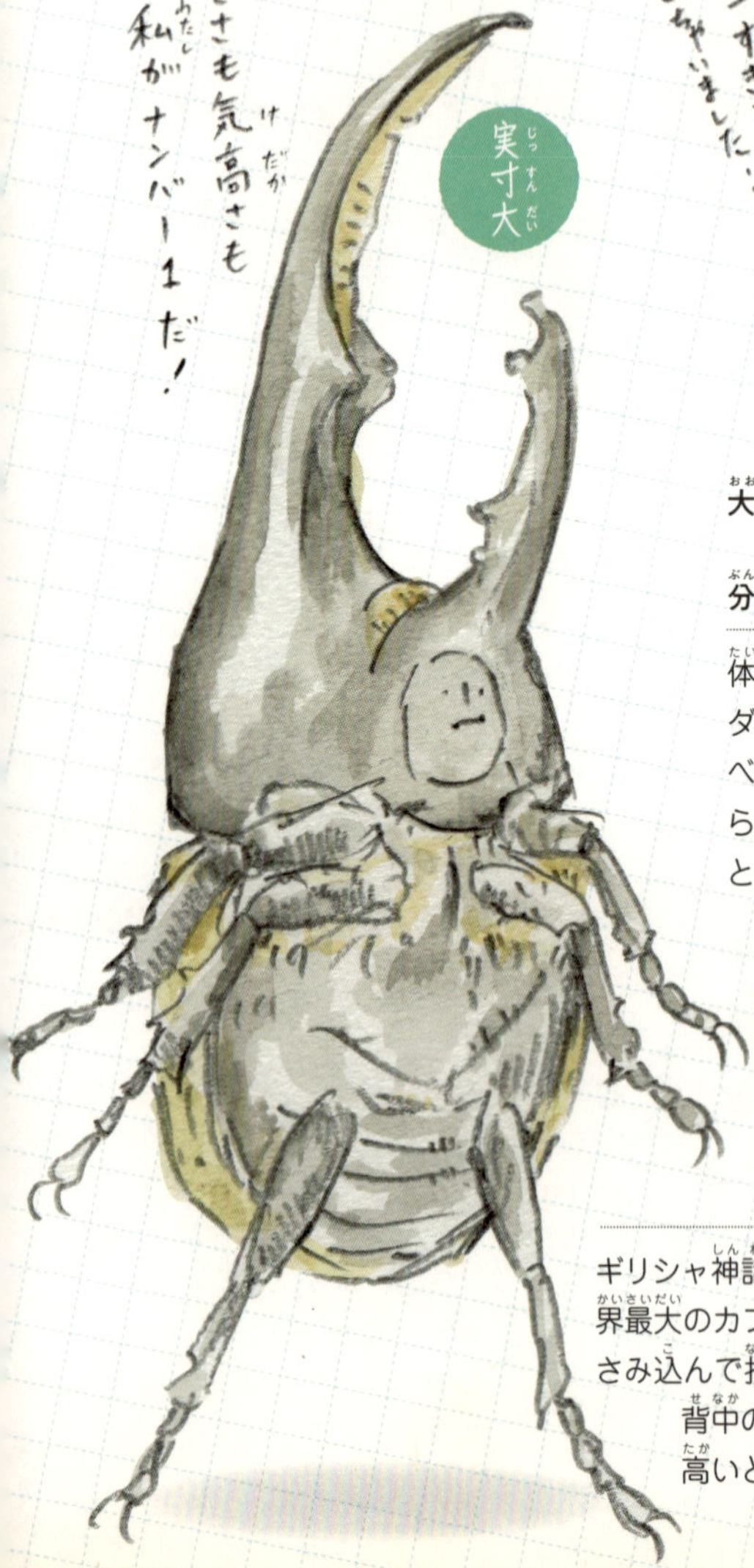

大《おお》きさも気高《けだか》さも私《わたし》がナンバー1だ!

大《おお》きさ ▶ オス 46～178mm、
メス 47～80mm
分《ぶん》　布《ぷ》▶ 中南米《ちゅうなんべい》

ギリシャ神話《しんわ》の英雄《えいゆう》ヘラクレスの名《な》をもつ、世界最大《せかいさいだい》のカブトムシ。長《なが》い角《つの》を使《つか》い、相手《あいて》をはさみ込《こ》んで投《な》げ飛《と》ばす猛々《たけだけ》しい戦《たた》い方《かた》をする。背中《せなか》の色《いろ》は、乾燥時《かんそうじ》は黄色《きいろ》くなり湿度《しつど》が高《たか》いと黒《くろ》くなる。好《す》きな言葉《ことば》は「圧勝《あっしょう》」。

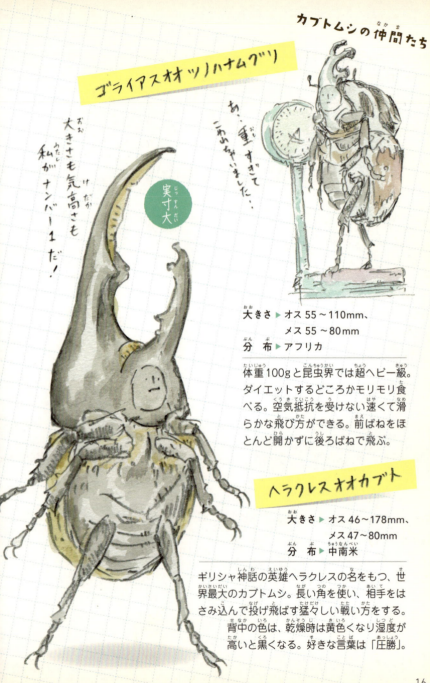

カブトムシは飛《と》ぶのが苦手《にがて》

ゆるふわ度《ど》★★

クワガタムシ

カブトムシをおびやかすカリスマ。平《ひら》たくすっきりした体《からだ》とオスの大《おお》あごが特徴《とくちょう》です。敵《てき》にそうぐうすると、大《おお》きなあごを使《つか》って戦《たた》います。

カブトムシ？そんなやつ知《し》らん。
今《いま》の時《じ》代《だい》はクワガタだ

オオクワガタ

大《おお》きさ ▶ オス 27～77mm、メス 34～44mm

分《ぶん》 布《ぶ》 ▶ 日本《にほん》（北海道《ほっかいどう》～九州《きゅうしゅう》）、朝鮮半島《ちょうせんはんとう》、中国《ちゅうごく》

メ モ ▶ 寿命《じゅみょう》は約《やく》3年《ねん》。環境破壊《かんきょうはかい》などで野生《やせい》のオオクワガタは数《かず》が減少中《げんしょうちゅう》

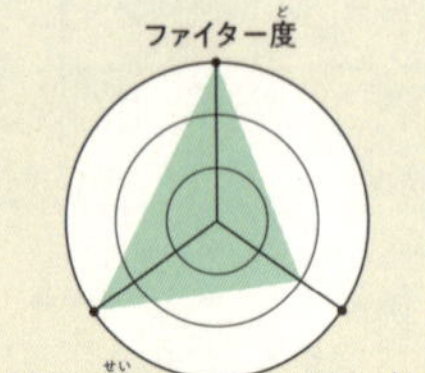
ファイター度《ど》
カリスマ性《せい》
スピード

スリムな体《からだ》のヒミツ

クワガタムシの仲間《なかま》の多《おお》くはすっきりした体型《たいけい》。木《き》の割《わ》れ目《め》や樹皮《じゅひ》の間《あいだ》にスッと隠《かく》れることができたり、種類《しゅるい》によっては冬《ふゆ》に木《き》のすき間《ま》で寒《さむ》さをしのいだりと、存分《ぞんぶん》にそのスリムさを活《い》かします。

夏《なつ》には親子《おやこ》が出会《であ》えるかも？

短命《たんめい》のカブトムシとちがい、クワガタムシは種類《しゅるい》によって数年間《すうねんかん》生《い》きるものもいます。成《せい》虫《ちゅう》になって地上《ちじょう》に出《で》たら、親《おや》と同《おな》じ森《もり》ですごすこともあるかも？

クワガタムシの仲間《なかま》たち

ギラファノコギリクワガタ

大《おお》きさ ▶ オス 35～118mm、
メス 31～56mm
分《ぶん》　布《ぷ》 ▶ インド、東南《とうなん》アジア

クワガタムシの仲間《なかま》では世界《せかい》最大《さいだい》。とくにインドネシアのフローレス島《とう》にいるものが大型《おおがた》になる。「ギラファ」はラテン語《ご》でキリンのこと。長《なが》いあごがキリンの首《くび》のよう。

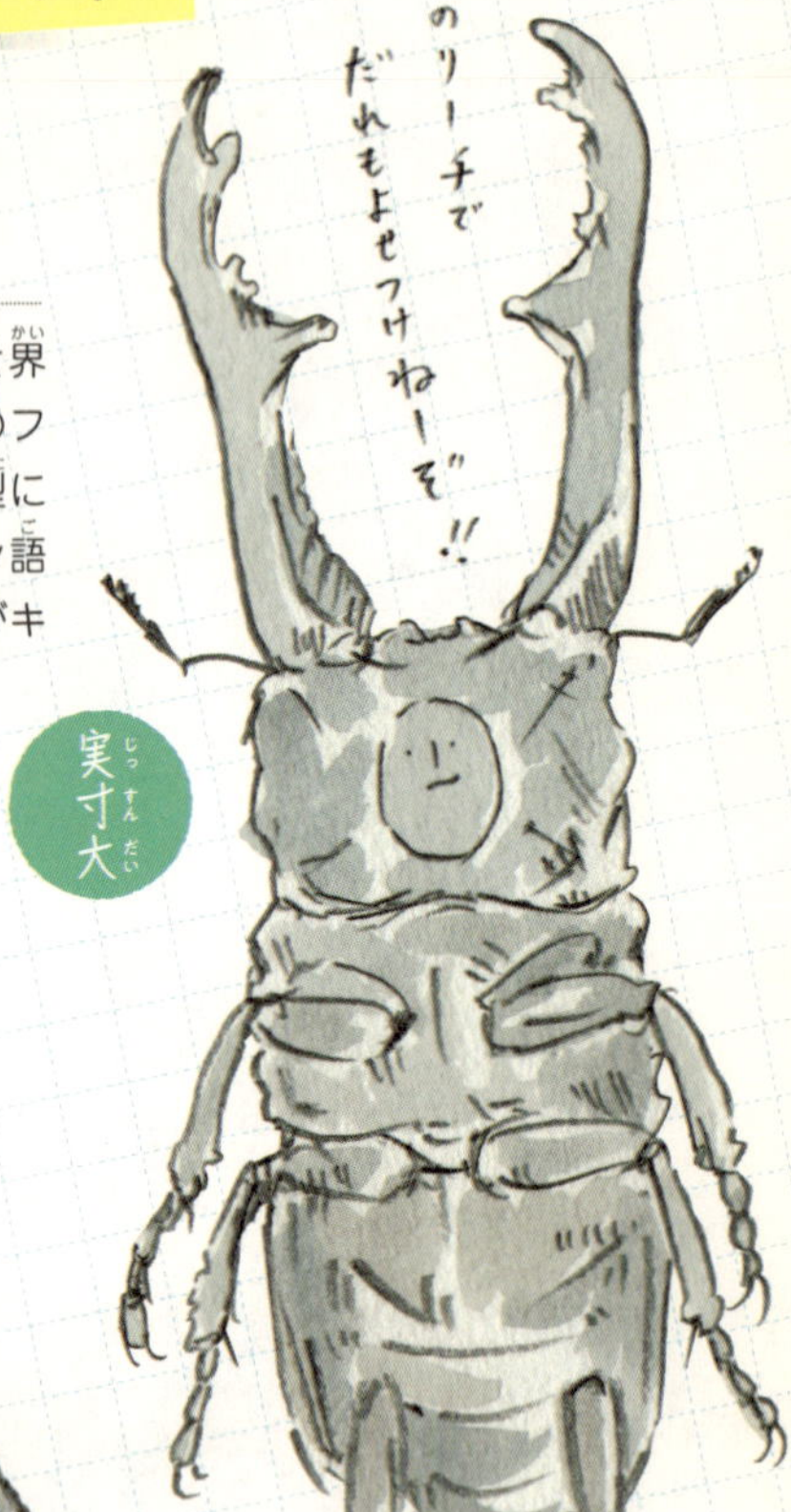

パラワンオオヒラタクワガタ

大《おお》きさ ▶ オス 54～110mm、
メス 42～46mm
分《ぶん》　布《ぷ》 ▶ パラワン島《とう》（フィリピン）

ヒラタクワガタの中《なか》では最大種《さいだいしゅ》。地《ち》域《いき》によってあごの形《かたち》が異《こと》なる。気性《きしょう》が激《はげ》しく、ケンカは「昆虫界《こんちゅうかい》なら負《ま》ける気《き》がしない」そうだ。成虫《せいちゅう》の寿《じゅ》命《みょう》は1～2年《ねん》。

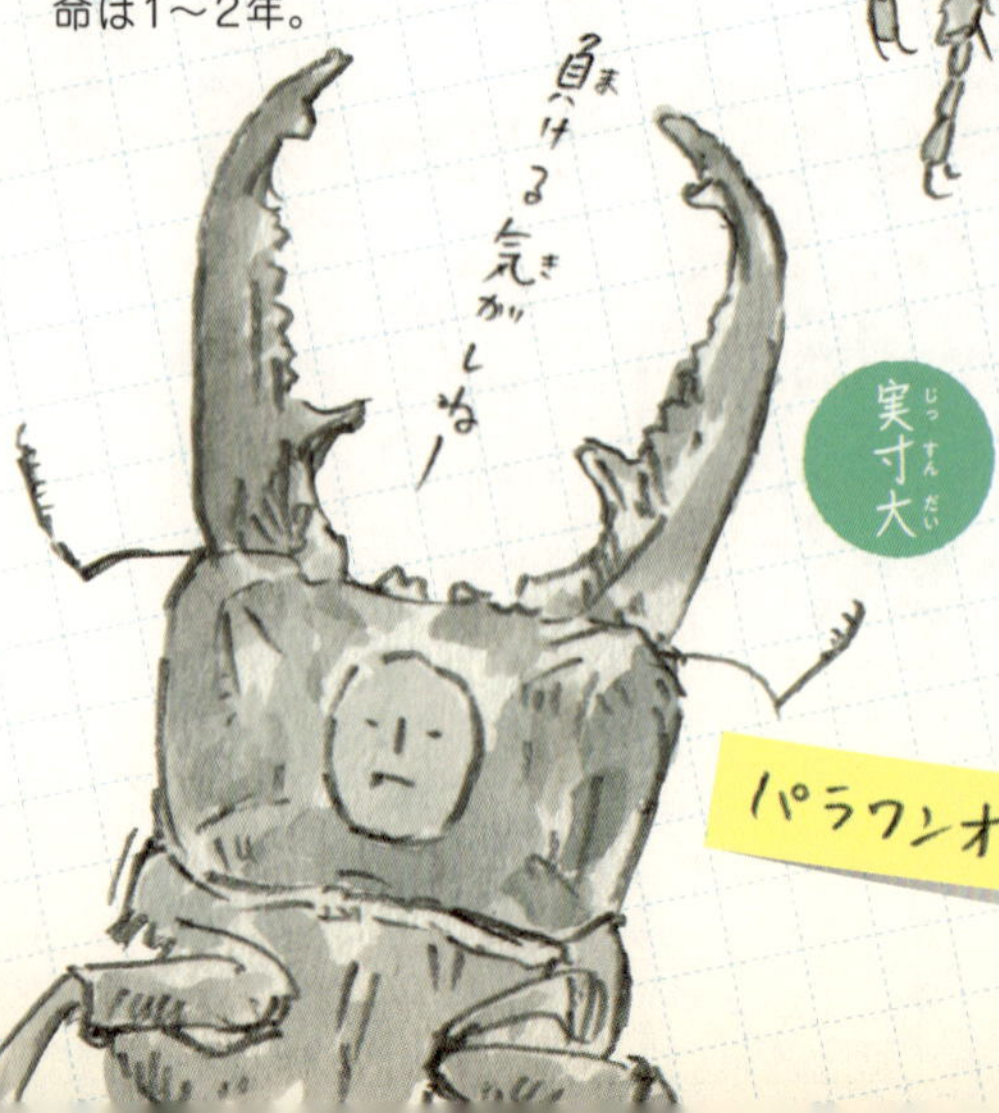

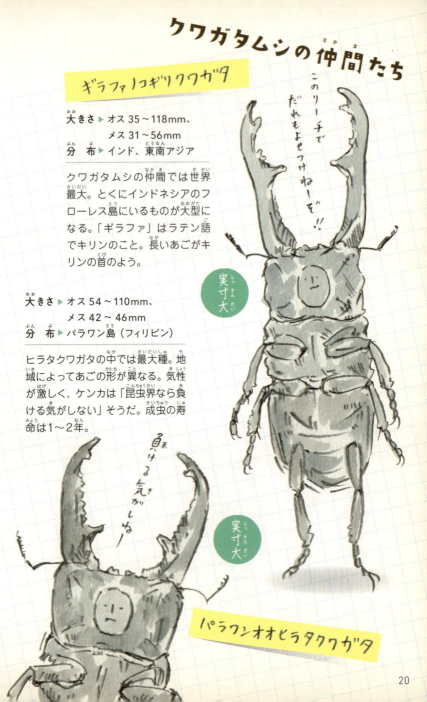

アルキデスヒラタクワガタ

おらあああああ

大《おお》きさ ▶ オス 33～100mm、
メス 39～48mm
分《ぶん》　布《ぷ》 ▶ スマトラ島《とう》
（インドネシア）

横《よこ》はばが広《ひろ》く、とても太《ふと》い体《からだ》をしたクワガタムシ。大《おお》あごのはさむ力《ちから》がかなり強《つよ》い。あごが長《なが》くなる「長歯《ちょうし》型《けい》」と、短《みじか》くなる「短歯型《たんしけい》」がある。

いろいろな形《かたち》の大《おお》あご

同《おな》じ種類《しゅるい》のクワガタでも、個体《こたい》によってあごの形《かたち》が大《おお》きく異《こと》なります。同《おな》じノコギリクワガタでも、まるでちがう種類《しゅるい》のように見《み》えます。

見《み》てよ
この立派《りっぱ》な大《おお》アゴ！
もうちょい大《おお》きく
なりたかったな
小《ちい》さくても
はさむ力《ちから》は強《つよ》いよ

クワガタムシの仲間《なかま》たち

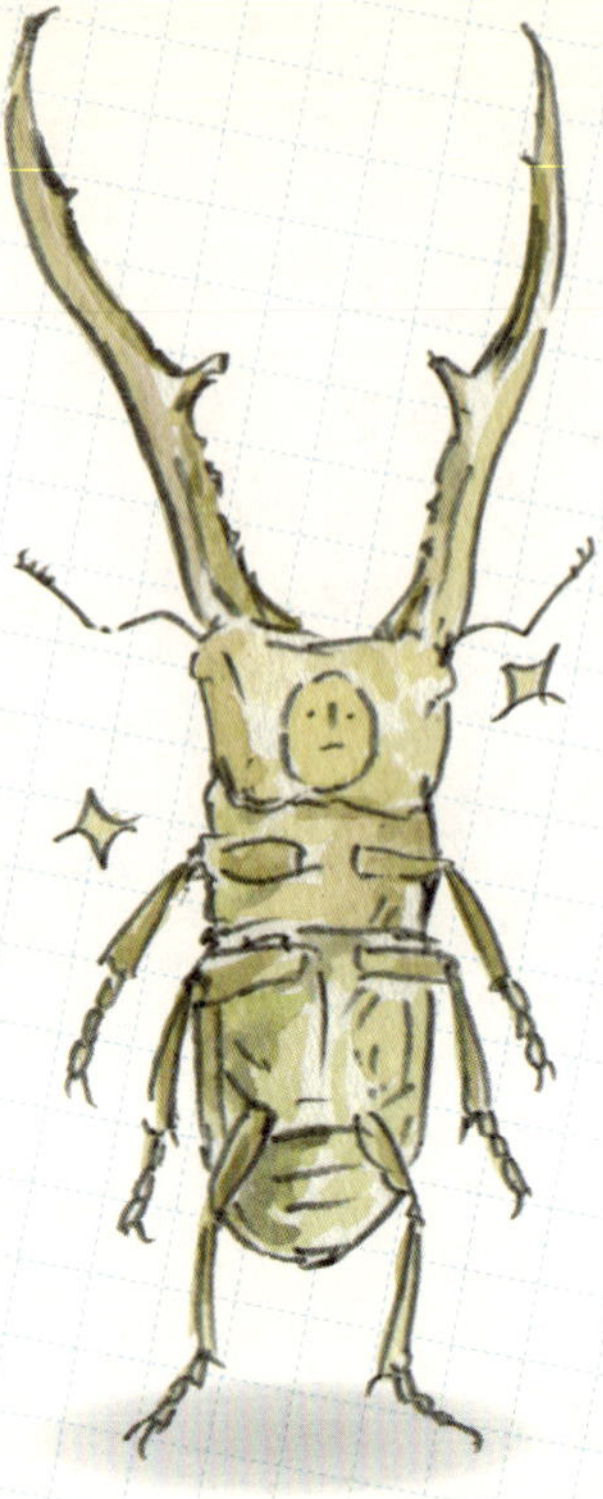
アゴの長《なが》さでサイズをかせいでます…

メタリフェルホソアカクワガタ

大《おお》きさ ▶ オス 26～100mm、メス 23～30mm
分《ぶん》　布《ぶ》 ▶ インドネシア

メタリックでスリムなボディのクワガタ。オスは体《からだ》の約半分《やくはんぶん》がアゴなので、メスの倍《ばい》ほどの大《おお》きさになっている。ノボタンの花《はな》やツバキの仲間《なかま》の新芽《しんめ》に集《あつ》まる。

ニジイロクワガタ

大《おお》きさ ▶ オス 36～70mm、
メス 25～40mm
分《ぶん》　布《ぶ》 ▶ オーストラリア、
ニューギニア島《とう》

虹色《にじいろ》にかがやく世界一美《せかいいちうつく》しいといわれるクワガタ。上向《うわむ》きにそった大《おお》あごをしている。大型《おおがた》だが性格《せいかく》はおとなしめで、生息地《せいそくち》では保護《ほご》されており採集《さいしゅう》はできない箱入《はこい》り娘《むすめ》（息子《むすこ》？）。個体《こたい》によっては赤色《あかいろ》や緑色《みどりいろ》が強《つよ》いものもいる。

クワガタ界《がい》のオシャレ番《ばん》長《ちょう》！

オレはもっと
狭《さま》いすき間《ま》でも
イケるぜ

クワガタのボディ

デシッ
いたっ!!
サッ
あれ？
おかしいな…
スリムな体《からだ》は
いたずらに
最適《さいてき》だぜ

彼《かれ》を見《み》つけたかったら木《き》のすき間《ま》をのぞいてみて！

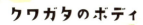

ゆるふわ度《ど》 ★★★★

コガネムシ

彼《かれ》らはじつはカブトムシの仲間《なかま》。昼間《ひるま》に活動《かつどう》するものが多《おお》く、葉《は》っぱや樹液《じゅえき》、花粉《かふん》などの植物《しょくぶつ》を食《た》べます。なかには、動物《どうぶつ》のふんなどを食《た》べる種類《しゅるい》も。

コガネムシ

大《おお》きさ ▶ 17～24mm
分《ぶん》　布《ぶ》 ▶ 日本《にほん》（北海道《ほっかいどう》～九州《きゅうしゅう》）、朝鮮半島《ちょうせんはんとう》、中国《ちゅうごく》、台湾《たいわん》
メ　モ ▶ 体《からだ》は緑色《みどりいろ》や赤色《あかいろ》のものなどさまざま。おもに広《こう》葉樹《ようじゅ》の葉《は》を食《た》べる

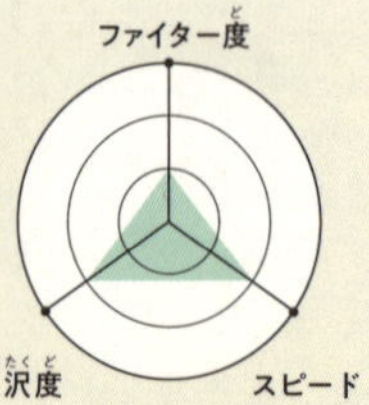

角《つの》はないけど僕《ぼく》らの仲間《なかま》！

触《しょっ》角《かく》でメスのにおいを探《さが》す

コガネムシの仲間《なかま》は、触角《しょっかく》が短《みじか》く、左《さ》右《ゆう》に曲《ま》がった先《さき》がおうぎのような形《かたち》をしていて、そこでにおいを感《かん》じています。オスは触角《しょっかく》の先端部分《せんたんぶぶん》を開《ひら》いて、遠《とお》くにいるメスの出《だ》すにおいを感《かん》じて探《さが》し出《だ》します。

ピカピカなのに目《め》立《だ》たない？

かたい前《まえ》ばねは、さまざまな色《いろ》に光《ひか》ります。これでは目《め》立《だ》ってしまいそうですが、じつは鏡《かがみ》のように風《ふう》景《けい》を映《うつ》し込《こ》むので、森《もり》の中《なか》では目《め》立《だ》たなくなります。

コガネムシの仲間《なかま》たち

君《きみ》の街《まち》には
何《なに》色《いろ》がいるかな？

オオセンチコガネ

大《おお》きさ ▶ 14～22mm
分《ぶん》　布《ぷ》 ▶ 日本《にほん》（北海道《ほっかいどう》～九州《きゅうしゅう》）、東《ひがし》アジア

動物《どうぶつ》のふんや死《し》がいなどに集《あつ》まる。地域《ちいき》によって赤《あか》・青《あお》・緑《みどり》などさまざまな体色《たいしょく》をしている。

アフリカタマオシコガネ

大《おお》きさ ▶ オス 43mm　メス 37mm
分《ぶん》　布《ぷ》 ▶ アフリカ

動物《どうぶつ》のふんを丸《まる》めて、後《うし》ろあしで転《ころ》がして運《はこ》ぶ「ふん虫《ちゅう》」の仲間《なかま》。ふん球《きゅう》の中《なか》に卵《たまご》を産《う》み、幼虫《ようちゅう》はその内部《ないぶ》を食《た》べて成長《せいちょう》する。古代《こだい》エジプトでは、神《かみ》の使《つか》いとしてあがめられていた意外《いがい》な過去《かこ》をもつ。

だいぶまるまったな…

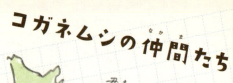

フンコロガシと坂道《さかみち》

フンころがし中《ちゅう》に話《はな》しかけたらだめだね

カミキリムシ

ゆるふわ度《ど》 ★★★

この触角《しょっかく》も
たまらなくクールだろ。

見《み》てよこのブルーの美《うつく》しさ。

細長《ほそなが》～い体《からだ》と長《なが》～い触角《しょっかく》が特徴《とくちょう》。触角《しょっかく》が体長《たいちょう》より長《なが》い種類《しゅるい》もいます。色《いろ》は枯《か》れ葉《は》や樹皮《じゅひ》のような地味《じみ》なものから、金属光沢《きんぞくこうたく》を帯《お》びたあざやかな色《いろ》のものまでいます。

ルリボシカミキリ

- 大《おお》きさ ▶ 18～29mm
- 分《ぶん》　布《ぷ》 ▶ 日本《にほん》（北海道《ほっかいどう》～九州《きゅうしゅう》）
- メ　モ ▶ ケヤキなどの伐採《ばっさい》された木《き》や立《た》ち枯《か》れの木《き》に産卵《さんらん》する

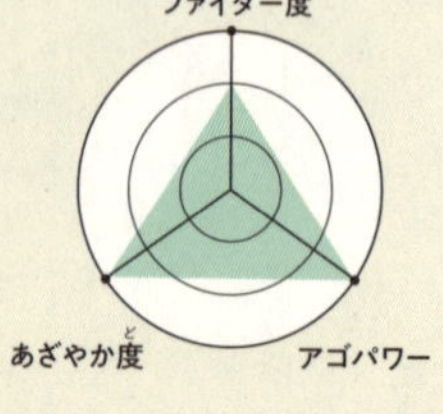
ファイター度《ど》
アゴパワー
あざやか度《ど》

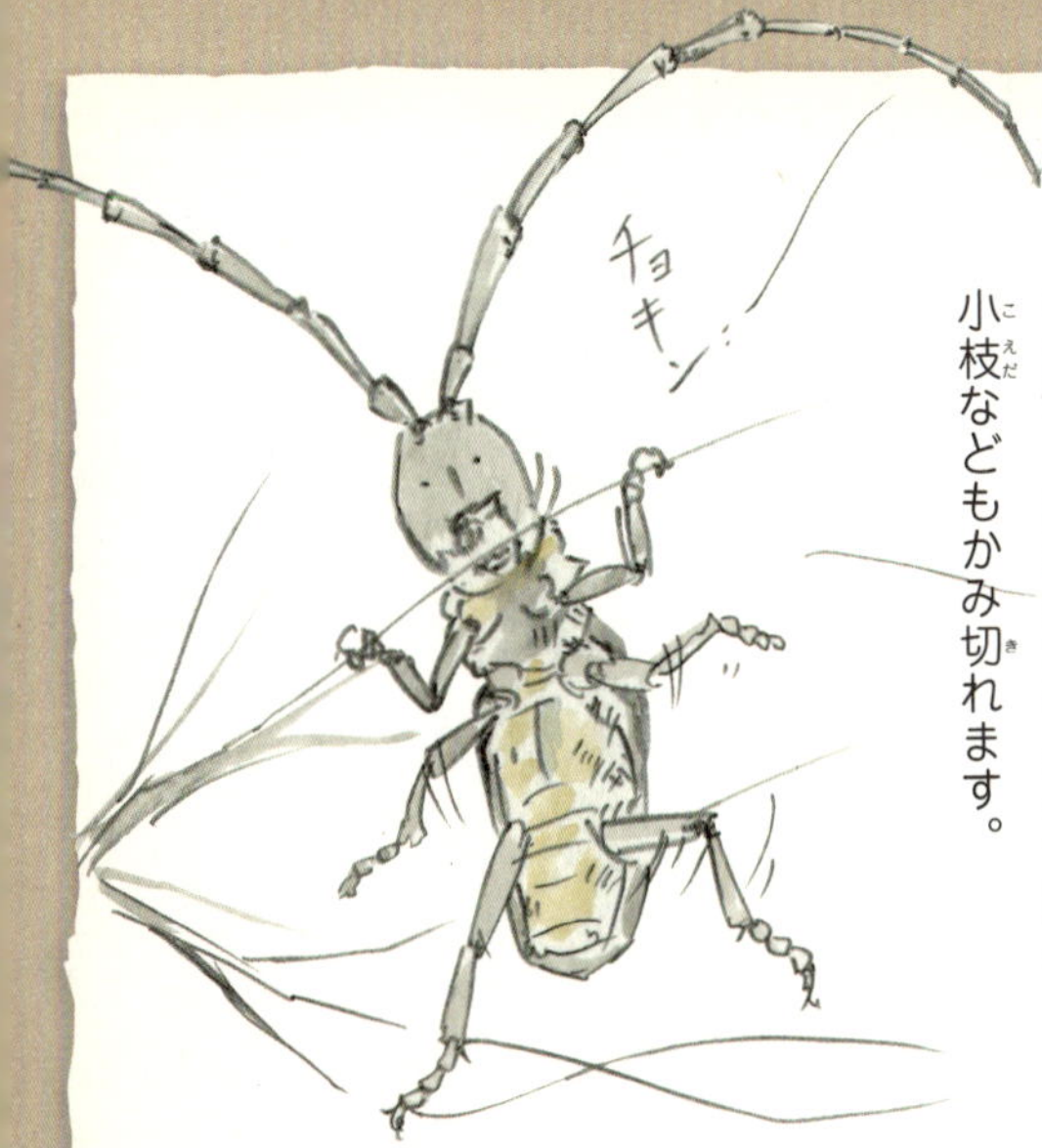

名前《なまえ》の由来《ゆらい》は「髪切り虫《かみきりむし》」

「カミキリムシ」の名《な》は、髪《かみ》の毛《け》を切《き》ってしまうほど強《つよ》いあごをもつことに由来《ゆらい》し、「ケキリムシ（毛《け》切《き》り虫《むし》）」という呼《よ》び名《な》もあります。あごがするどくて強《つよ》く、小枝《こえだ》などもかみ切《き》れます。

幼虫時代《ようちゅうじだい》からあごの力《ちから》がものすごい！

カミキリムシの仲間《なかま》は、成虫《せいちゅう》も幼虫《ようちゅう》もあごが強力《きょうりょく》です。メスは産卵《さんらん》のために枯《か》れ木《き》にあなをあけ、幼虫《ようちゅう》は木《き》を食《た》べて成長《せいちょう》するので、強《つよ》いあごが必要不可欠《ひつようふかけつ》！

カミキリムシの仲間《なかま》たち

ベニカミキリ

大《おお》きさ ▶ 12～17mm
分《ぶん》 布《ぶ》 ▶ 日本《にほん》（本州《ほんしゅう》・四国《しこく》・九州《きゅうしゅう》）、中国《ちゅうごく》、朝鮮《ちょうせん》、東南《とうなん》アジア

あざやかな赤《あか》い体《からだ》、胸《むね》には5つの黒《くろ》い点《てん》がある。昼間《ひるま》に活動《かつどう》し、よく飛《と》ぶ。成虫《せいちゅう》は、クリやネギなどの花《はな》の蜜《みつ》を食《た》べる。メスは、枯《か》れた竹《たけ》に卵《たまご》を産《う》み、幼虫《ようちゅう》は竹《たけ》を食《た》べて成長《せいちょう》する。

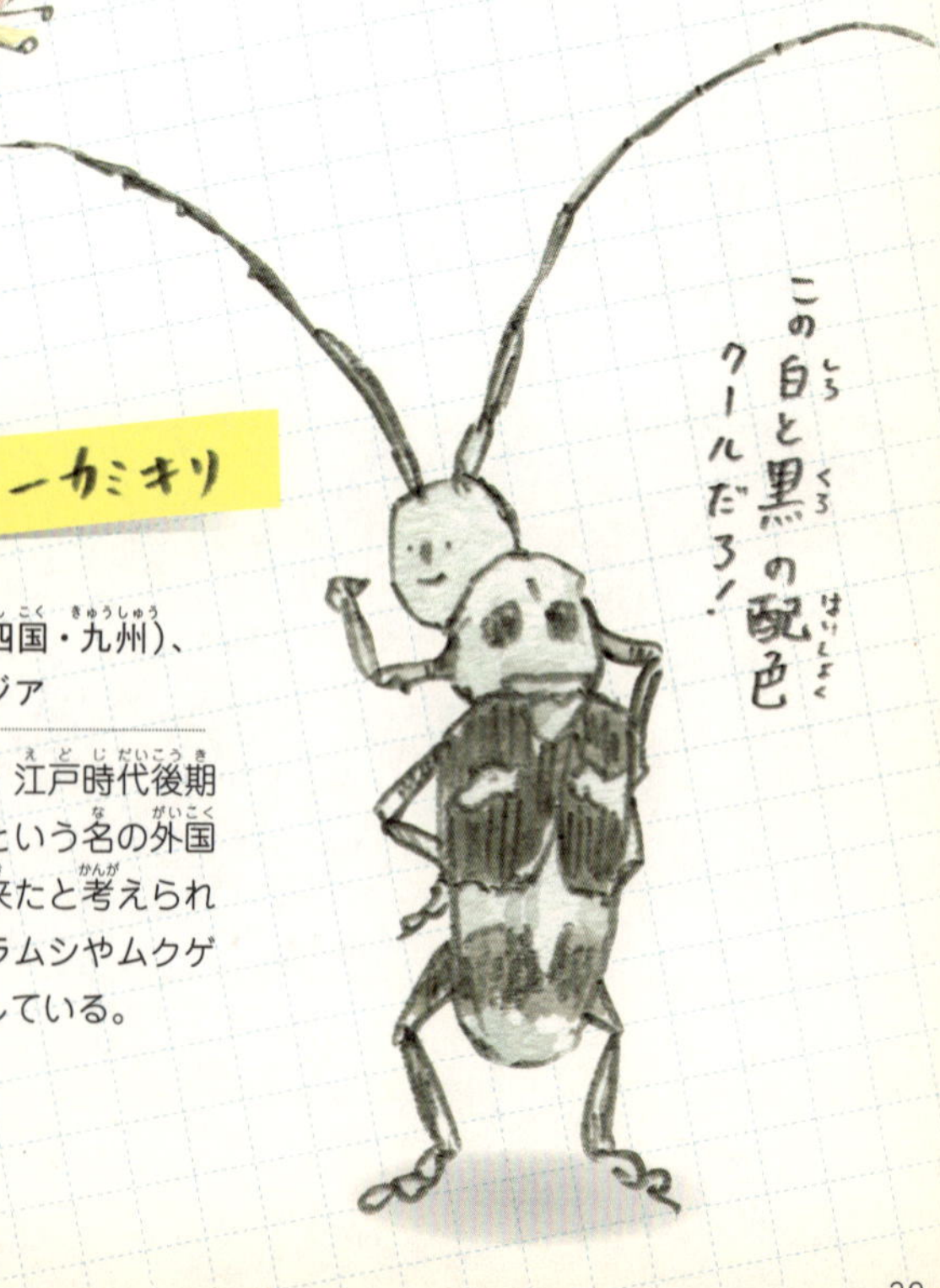

ラミーカミキリ

大《おお》きさ ▶ 10～14mm
分《ぶん》 布《ぶ》 ▶ 日本《にほん》（本州《ほんしゅう》・四国《しこく》・九州《きゅうしゅう》）、中国《ちゅうごく》、東南《とうなん》アジア

日本《にほん》にはいなかったが、江戸時代後期《えどじだいこうき》に輸入《ゆにゅう》した「ラミー」という名《な》の外国《がいこく》の植物《しょくぶつ》について入《はい》って来《き》たと考《かんが》えられている。日本《にほん》では、カラムシやムクゲなどの葉《は》を食《た》べてくらしている。

髪《かみ》を切《き》るムシ　カミキリムシ

昆虫《こんちゅう》と暮《く》らそう！

公園《こうえん》や森《もり》などで昆虫《こんちゅう》を観察《かんさつ》するのは楽《たの》しいものです。さらに、つかまえて飼《か》えば、角《つの》やあごの動《うご》かし方《かた》、えさの食《た》べ方《かた》などをじっくり観察《かんさつ》できます。

カブトムシやクワガタムシなら飼育道具《しいくどうぐ》も売《う》られています。飼育《しいく》ケースに昆虫《こんちゅう》マットなどを入《い》れ、足場《あしば》になる太目《ふとめ》の木《き》や樹皮《じゅひ》などを入《い》れます。エサは昆虫《こんちゅう》ゼリーやバナナなど。水分《すいぶん》の多《おお》いスイカなどはあたえないようにしましょう。

マットがかわいたらきりふきで水分補給《すいぶんほきゅう》をし、エサが減《へ》ったら新《あたら》しいものにかえてあげましょう。同《おな》じケースにたくさん入《い》れるとケンカをして弱《よわ》ってしまうので、1つのケースに1ぴきずつ入《い》れます。もし、卵《たまご》を産《う》ませる場合《ばあい》はオス・メス1ぴきずつ入《い》れて、飼育《しいく》しましょう。

第《だい》2章《しょう》

アリやハチたち

群《む》れでくらす彼《かれ》らは
どんな日常《にちじょう》を
送《おく》っているのでしょう。

ゆるふわ度《ど》 ★★★★

アリ

小《ちい》さい体《からだ》で大《おお》きなエサを運《はこ》ぶ姿《すがた》がおなじみ。女王《じょおう》アリを中《ちゅう》心《しん》に、巣《す》の中《なか》で役割分担《やくわりぶんたん》をしながら大勢《おおぜい》で集団生活《しゅうだんせいかつ》をします。このような昆虫《こんちゅう》を「社会性昆虫《しゃかいせいこんちゅう》」と呼《よ》びます。

それおわったら
あっちも運《はこ》んで。
えっ…。

クロオオアリ

大《おお》きさ ▶ 7～12mm、女王《じょおう》アリ 17mm

分《ぶん》　布《ぷ》 ▶ 北海道《ほっかいどう》～九州《きゅうしゅう》、中国《ちゅうごく》、朝鮮半島《ちょうせんはんとう》

メ　モ ▶ 1つのコロニーには数百《すうひゃく》～1000個体《こたい》がくらす

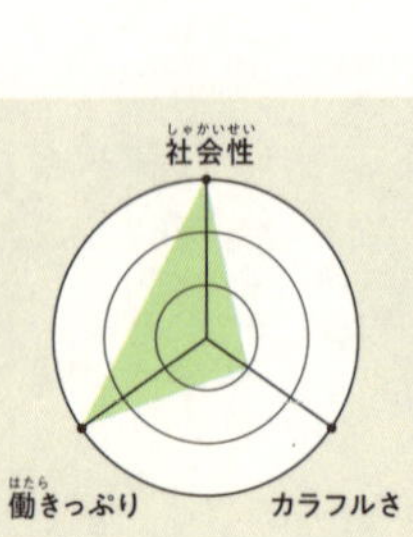
社会性《しゃかいせい》
働《はたら》きっぷり
カラフルさ

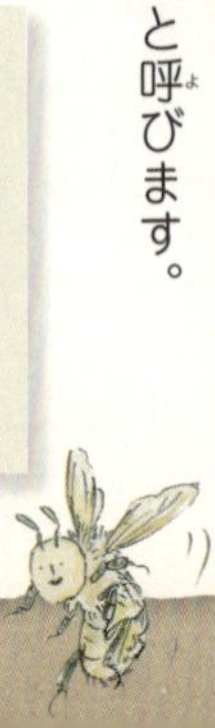

ケタちがいの大家族《だいかぞく》

多《おお》いものでは1つの巣《す》に数千《すうせん》びきもの大家族《だいかぞく》でくらしています。家族《かぞく》は、女王《じょおう》アリ、その子《こ》どもである働《はたら》きアリ、メスアリ、オスアリ。役割分担《やくわりぶんたん》が明確《めいかく》で、なんだかんだみんな大変《たいへん》そうです。

それぞれの仕事《しごと》

女王《じょうおう》アリ

ふつう1ぴき。ひたすら卵《たまご》を産《う》む。巣《す》が大《おお》きくなると、将来女王《しょうらいじょおう》になるメスアリを産《う》む

働《はたら》きアリ

すべてメスで、幼虫《ようちゅう》の世話《せわ》や巣《す》の警備《けいび》、エサ集《あつ》めなど、役割分担《やくわりぶんたん》をしている。週休《しゅうきゅう》0日《にち》、たまにサボるやつも…

オスアリ

巣《す》が大《おお》きくなると生《う》まれ、ほかの巣《す》から飛《と》び立《た》ったメスアリと交尾《こうび》する

ロマンチックな結《けっ》婚《こん》飛《ひ》行《こう》!?

巣《す》が大《おお》きくなると、はねのついたメスとオスが生《う》まれ、外《そと》に飛《と》び立《た》ち、別《べつ》の巣《す》の相手《あいて》と交尾《こうび》します。オスは死《し》に、メスははねを落《お》とし、新女王《しんじょおう》として新《あたら》しい巣《す》を作《つく》ります。

女王《じょうおう》さま自《みず》ら巣《す》作《づく》り

新女王《しんじょおう》は、たった1ぴきで巣《す》を作《つく》り、卵《たまご》を産《う》み、幼虫《ようちゅう》を育《そだ》てる肝《きも》っ玉母《たまかあ》ちゃん。働《はたら》きアリが生《う》まれるまでは何《なに》も食《た》べず、自分《じぶん》の体《からだ》のしぼうをとかしたものなどを幼虫《ようちゅう》にあたえます。

アリの巣《す》におじゃまします。

多《おお》くのアリは地面《じめん》の下《した》に巣《す》を作《つく》る。巣《す》には、たくさんの部屋《へや》があり、それぞれ使《つか》い道《みち》が決《き》まっている。クロオオアリの巣《す》の中《なか》をのぞいてみよう。

アリの仲間《なかま》たち

ミツツボアリ

大《おお》きさ ▶ 約《やく》12mm
分《ぶん》　布《ぷ》 ▶ オーストラリア

砂漠《さばく》にすみ、花《はな》の蜜《みつ》などを食《た》べる。一部《いちぶ》の働《はたら》きアリが、巣《す》の天井《てんじょう》からぶら下《さ》がり、ほかの働《はたら》きアリが採《と》ってきた蜜《みつ》をおなかに貯《た》める。食《た》べものが少《すく》ない時期《じき》に、ほかのアリに口移《くちうつ》しで蜜《みつ》をあたえる。

ハキリアリ

大《おお》きさ ▶ 約《やく》3～20mm
分《ぶん》　布《ぷ》 ▶ 中米《ちゅうべい》～南米《なんべい》

働《はたら》きアリが、大《おお》あごで木《き》の葉《は》を切《き》り取《と》り巣《す》に運《はこ》ぶ。巣《す》の中《なか》では、ほかの働《はたら》きアリが葉《は》をかみくだいたものを肥料《ひりょう》にして、キノコを栽培《さいばい》して食《た》べる。葉《は》以《い》外《がい》に、花《はな》を運《はこ》ぶこともある。

働《はたら》きアリの2割《わり》

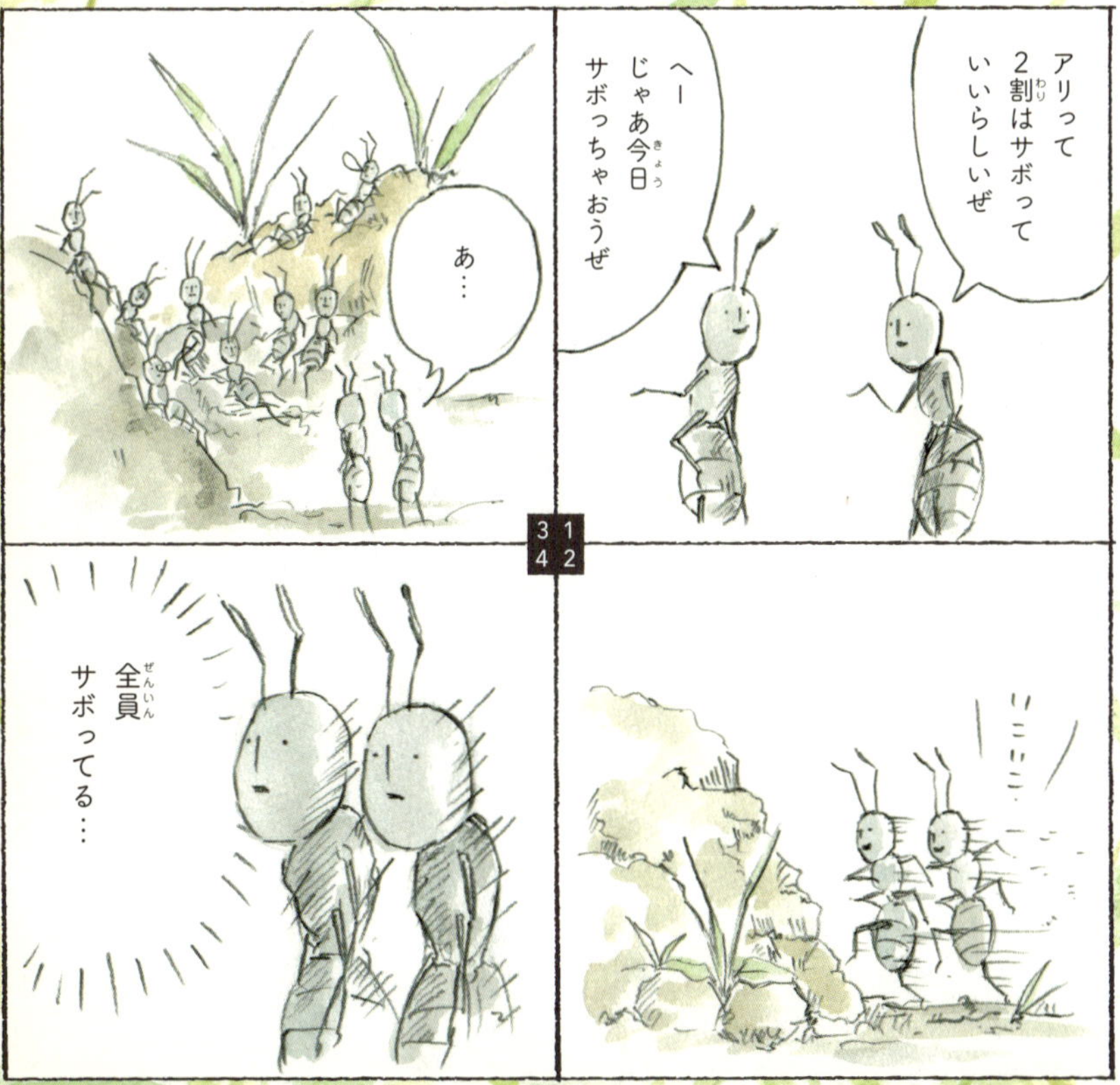

ゆるふわ度《ど》 ★★★

ハチ

イタズラしたら
チクッといくぞ!!

さすハチはすべてメス！ ハチの毒針《どくばり》は産卵管《さんらんかん》が変化《へんか》したもので、オスはさせません。大《おお》きな巣《す》でくらす「社会性昆虫《しゃかいせいこんちゅう》」のものから、単独《たんどく》で巣《す》作《づく》りをするものまで、生活《せいかつ》の仕方《しかた》はさまざま。

ニホンミツバチ

大《おお》きさ ▶ 働《はたら》きバチ 12～13mm、
オスバチ 15～16mm、
女王《じょおう》バチ 17～19mm

分《ぶん》　布《ぷ》 ▶ 日本《にほん》（本州《ほんしゅう》、四国《しこく》、九州《きゅうしゅう》）

メ　モ ▶ 木《き》のうろなどに巣《す》を作《つく》り、花《はな》の蜜《みつ》や花粉《かふん》を食《た》べる

社会性《しゃかいせい》
巣《す》の芸術性《げいじゅつせい》
カラフルさ

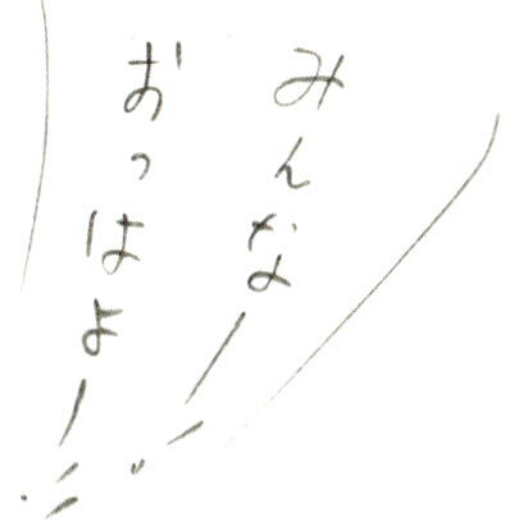
みんな
おっはよー

アリと同《おな》じく大家族《だいかぞく》！

ミツバチの巣《す》には、1ぴきの女王《じょおう》バチと数千《すうせん》から数万《すうまん》びきの働《はたら》きバチと数百《すうひゃっ》ぴきのオスバチがいます。働《はたら》きバチはすべてメス。蜜集《みつあつ》めや巣《す》の掃除《そうじ》、幼虫《ようちゅう》の世話《せわ》などをします。

蜜《みつ》と花粉《かふん》はこう運《はこ》ぶ

働《はたら》きバチは、舌《した》を使《つか》って花《はな》の蜜《みつ》を吸《す》い、腹《はら》の中《なか》にある「蜜胃《みつい》」という袋《ふくろ》に入《い》れて巣《す》まで運《はこ》びます。ほかの働《はたら》きバチに口移《くちうつ》しで蜜《みつ》を渡《わた》し、蜜《みつ》は巣《す》に貯《た》められます。また、後《うし》ろ足《あし》にある「花粉《かふん》かご」にせっせと花粉《かふん》を集《あつ》めて「花粉《かふん》ダンゴ」を作《つく》り、巣《す》に運《はこ》びます。

蜜《みつ》胃《い》

あれ？
なんかついてる…

ハチの仲間《なかま》たち

オオスズメバチ

大《おお》きさ ▶ 働《はたら》きバチ 27～37mm、
オスバチ 27～39mm、
女王《じょおう》バチ 37～44mm
分《ぶん》　布《ぷ》 ▶ 日本《にほん》（北海道《ほっかいどう》～九州《きゅうしゅう》）

スズメバチ類《るい》では世界最大《せかいさいだい》。攻撃性《こうげきせい》が強《つよ》く、巣《す》に危害《きがい》をおよぼすものには容赦《ようしゃ》ない。ほかの巣《す》をおそって巣《す》を全滅《ぜんめつ》させることも。おそった昆虫《こんちゅう》を肉団子《にくだんご》にして幼虫《ようちゅう》にあたえる。成虫《せいちゅう》は樹液《じゅえき》や花《はな》の蜜《みつ》を食《た》べる。

バラハキリバチ

大《おお》きさ ▶ 12～14mm
分《ぶん》　布《ぷ》 ▶ 日本《にほん》（本州《ほんしゅう》、四国《しこく》、九州《きゅうしゅう》）、
中国《ちゅうごく》、ロシア東部《とうぶ》

1ぴきでくらすハチ。竹筒《たけづつ》や木《き》のあなに巣《す》を作《つく》る。バラなどの葉《は》を丸《まる》く切《き》って巣《す》の材料《ざいりょう》にしている。その中《なか》に幼虫《ようちゅう》が食《た》べるための花《はな》の蜜《みつ》と花粉《かふん》をたくわえて、卵《たまご》を産《う》みつける。

スズメバチの苦《くる》しみ

いろいろなハチの巣《す》

ハチは種類《しゅるい》によって、さまざまな巣《す》を作《つく》ります。ミツバチ類《るい》は、自分《じぶん》の体《からだ》から出《だ》すろうと唾液《だえき》を混《ま》ぜて、六角形《ろっかっけい》の部屋《へや》がたくさん組《く》み合《あ》わさった巣《す》を作《つく》ります。一方《いっぽう》、スズメバチの巣《す》は種類《しゅるい》によってさまざまな形《かたち》をしています。コガタスズメバチやクロスズメバチは丸《まる》いボール状《じょう》、キイロスズメバチは長円形《ちょうえんけい》。オオスズメバチも長円形《ちょうえんけい》ですが、土中《どちゅう》なので外《そと》からは見《み》えません。モンスズメバチやヒメスズメバチは釣《つ》り鐘状《がねじょう》です。かみくだいた木《き》の皮《かわ》と唾液《だえき》をまぜて作《つく》り、材料《ざいりょう》によって、表面《ひょうめん》に浮《う》かぶ模様《もよう》に違《ちが》いが表《あらわ》れます。ハキリバチ類《るい》は、竹《たけ》のつつなどの中《なか》に、切《き》った葉《は》や樹脂《じゅし》を使《つか》って巣《す》を作《つく》ります。そのほか、木《き》にあなをあけて巣《す》を作《つく》るクマバチ類《るい》や、どろを使《つか》って酒《さけ》を入《い》れるとっくりに似《に》た形《かたち》の巣《す》を作《つく》るトックリバチなどもいます。

第《だい》3章《しょう》

チョウやトンボたち

似《に》ているようで似《に》ていない!?
空《そら》舞《ま》うムシたち、それぞれの
特徴《とくちょう》がおもしろい!

花《はな》から花《はな》へ、ゆうがにまうよ！

ゆるふわ度《ど》 ★★★★★

チョウ

小《ちい》さな卵《たまご》から幼虫《ようちゅう》・さなぎをへて美《うつく》しい成虫《せいちゅう》に変化《へんか》する様子《ようす》は、自然界《しぜんかい》のふしぎな現象《げんしょう》ナンバーワン！　はねや体《からだ》をおおう鱗粉《りんぷん》は、毛《け》が変化《へんか》したもの。優雅《ゆうが》にまう姿《すがた》にはみんなが夢中《むちゅう》になります。

アゲハ（ナミアゲハ）

大《おお》きさ ▶	前《まえ》ばねの長《なが》さ 40～60mm
分《ぶん》　布《ぷ》 ▶	日本《にほん》（北海道《ほっかいどう》～南西諸島《なんせいしょとう》）、中国《ちゅうごく》、台湾《たいわん》
メ　モ ▶	日本各地《にほんかくち》でよく見《み》られる。春型《はるがた》と、より大《おお》きい夏型《なつがた》がある

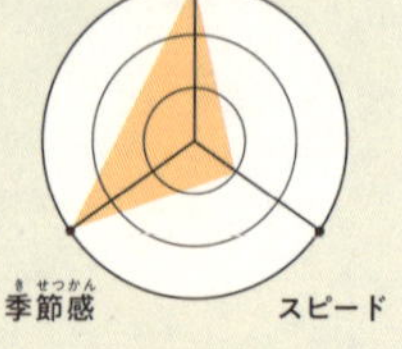

モスラのモデルはガだからね

好《す》き嫌《きら》いが激《はげ》しい幼虫《ようちゅう》たち

アオスジアゲハはクスノキ科《か》、アゲハはミカン科《か》、モンシロチョウはキャベツなどのアブラナ科《か》というように、幼虫《ようちゅう》が食《た》べる植物《しょくぶつ》の種《しゅ》類《るい》は決《き》まっています。

よくそんなん食《た》べるね
ムシャムシャ
レモンの葉《は》っぱ

いやぜったいこっちの方《ほう》がうまい！
キャベツ

あしで味《あじ》がわかってしまう

メスは好《す》き嫌《きら》いの激《はげ》しい幼虫《ようちゅう》のために、幼虫《ようちゅう》が食《た》べられる葉《は》に卵《たまご》を産《う》みつけます。あしの先《さき》に味《あじ》を感《かん》じる部分《ぶぶん》があり、葉《は》に止《と》まってあしから植物《しょくぶつ》の種類《しゅるい》を識別《しきべつ》するのです。

このはっぱ…
ウチの子《こ》が気《き》にいりそうな味《あじ》…

チョウの仲間《なかま》たち

キラキラ
リーン
ね！
キレイでしょ？

ディディウスモルフォ

大《おお》きさ ▶ 前《まえ》ばねの長《なが》さ
約《やく》80mm

分《ぶん》　布《ぷ》 ▶ ペルー

青《あお》く光《ひか》りかがやくモルフォチョウの中《なか》でも大型《おおがた》。はね自体《じたい》に色《いろ》がついているのではなく、凸凹《おうとつ》のある鱗粉《りんぷん》に光《ひかり》が当《あ》たることで、青《あお》く見《み》えている。裏《うら》側《がわ》はわりと地味《じみ》な茶褐色《ちゃかっしょく》で、目玉模様《めだまもよう》がある。

カレハじゃなくて
コノハね…

コノハチョウ

大《おお》きさ ▶ 前《まえ》ばねの長《なが》さ
40～50mm

分《ぶん》　布《ぶ》 ▶ 日本《にほん》（沖縄本島《おきなわほんとう》、石垣島《いしがきじま》、西表島《いりおもてじま》）、中国《ちゅうごく》、東南《とうなん》アジア

止《と》まったときに見《み》える、はねの裏《うら》の模《も》様《よう》が、色《いろ》も形《かたち》も枯《か》れ葉《は》にそっくり！おかげで鳥《とり》などの敵《てき》から見《み》つかりにくいと考《かんが》えられている。頭《あたま》を下《した》に向《む》けて逆《さか》さまに止《と》まることが多《おお》い。

とつぜん飛《と》べるって
よく考《かんが》えるとすごいよね

チョウの羽化《うか》

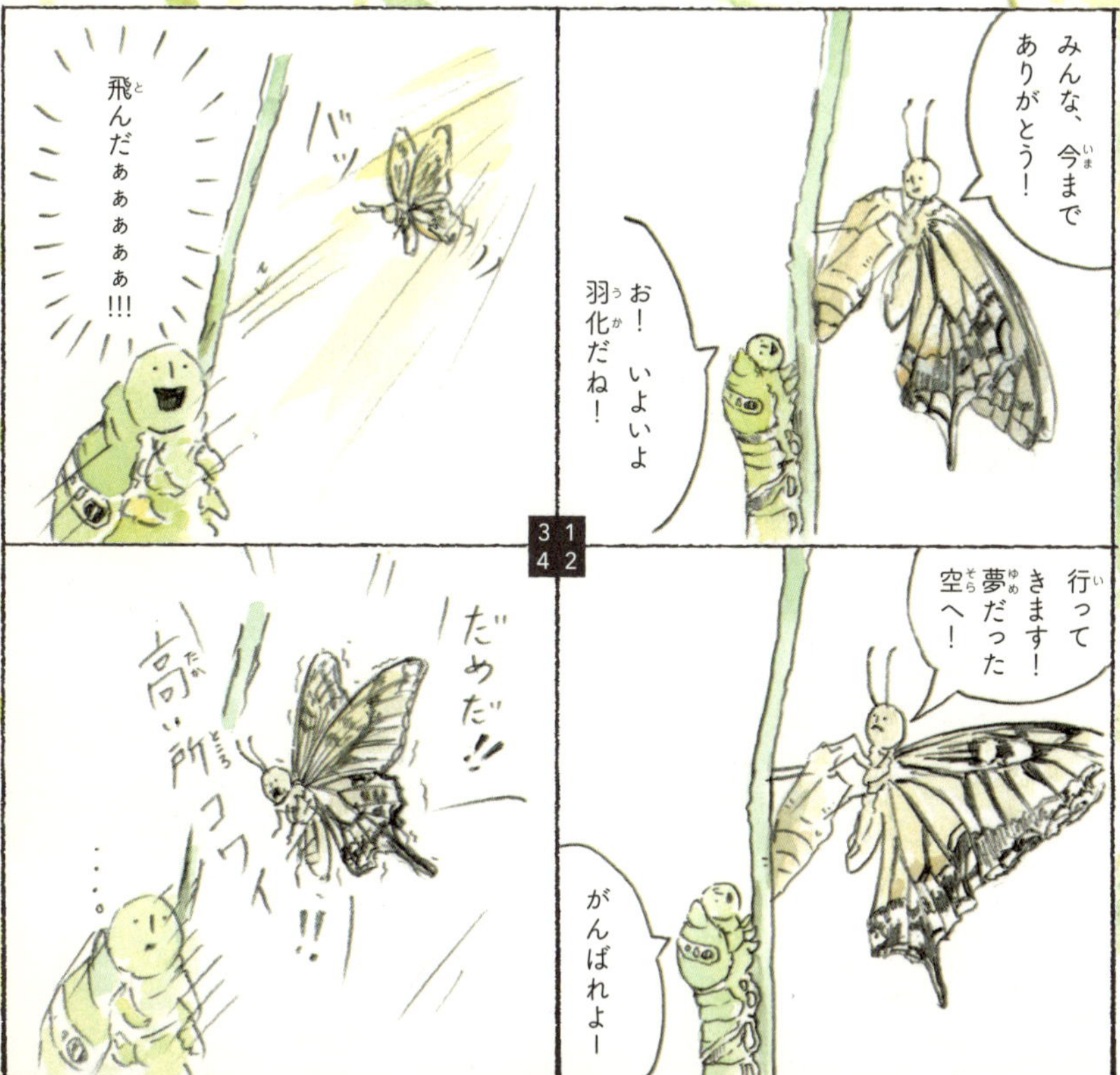

ガ

ゆるふわ度《ど》 ★★★★★

夜《よる》、街灯《がいとう》の下《した》に集《あつ》まる夜行性《やこうせい》のイメージですが、昼間《ひるま》に活動《かつどう》するものもいます。チョウと同《おな》じ仲間《なかま》で、日本《にほん》では250種類《しゅるい》のチョウに対《たい》して、ガはなんと6000種類《しゅるい》以上《いじょう》いるといわれています。

街灯《がいとう》の下《した》はだれにもゆずらない！

オオミズアオ

大《おお》きさ▶	前《まえ》ばねの長《なが》さ 50～75mm
分《ぶん》　布《ぷ》▶	日本《にほん》（北海道《ほっかいどう》～九州《きゅうしゅう》）、東《ひがし》アジア
メ　モ▶	幼虫《ようちゅう》はサクラ、クリなどの葉《は》を食《た》べ、成虫《せいちゅう》は春《はる》と夏《なつ》に現《あらわ》れる。

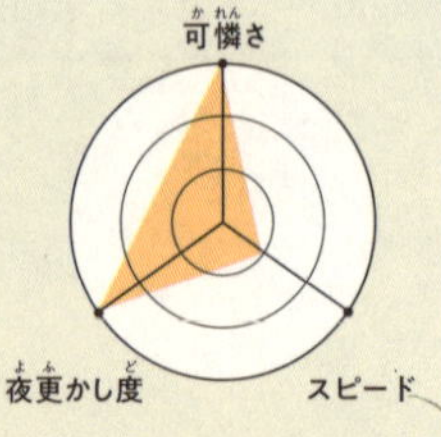

へぇ！ キレイなのがチョウじゃないの？

チョウとガにはっきりした区別《くべつ》はない

チョウとガは同《おな》じ仲間《なかま》ですが、触角《しょっかく》の形《かたち》や活動《かつどう》の時間《じかん》にちがいがあります。ただし、例外《れいがい》も多《おお》く、はっきりとした区別《くべつ》はできないのです。

なんかあいつの方《ほう》が人気《にんき》だよね…
なんで？

ほとんどのガは夜行性《やこうせい》

多《おお》くのガは夜行性《やこうせい》なので、オスとメスの出《で》会《あ》いは、メスが出《だ》すにおいがたより。においは触角《しょっかく》で感《かん》じるので、ガの触角《しょっかく》は、羽毛《うもう》やくしのような形《かたち》が多《おお》いのです。

なんか勉強《べんきょう》とか
夜《よる》の方《ほう》が集中《しゅうちゅう》できません？

ガの仲間《なかま》たち

実寸大《じっすんだい》

ヨナグニサン

大《おお》きさ ▶ 前《まえ》ばねの長《なが》さ　95～125mm
分《ぶん》　布《ぷ》 ▶ 日本《にほん》（八重山諸島《やえやましょとう》）、
東南《とうなん》アジア、インド

世界最大級《せかいさいだいきゅう》のガで、幼虫《ようちゅう》も10cm 以上《いじょう》になる。前《まえ》ばねの先《さき》はヘビのような独特《どくとく》な模様《もよう》だ。沖縄県《おきなわけん》の与那国島《よなぐにじま》に多《おお》く生息《せいそく》したことが名《な》の由来《ゆらい》。現在《げんざい》は与那国島《よなぐにじま》でも数《かず》が減《へ》り絶滅《ぜつめつ》が心配《しんぱい》され、沖縄県指定《おきなわけんしてい》の天然記念物《てんねんきねんぶつ》として保護《ほご》されている。

これがオレたちの
真《しん》の大《おお》きさだ

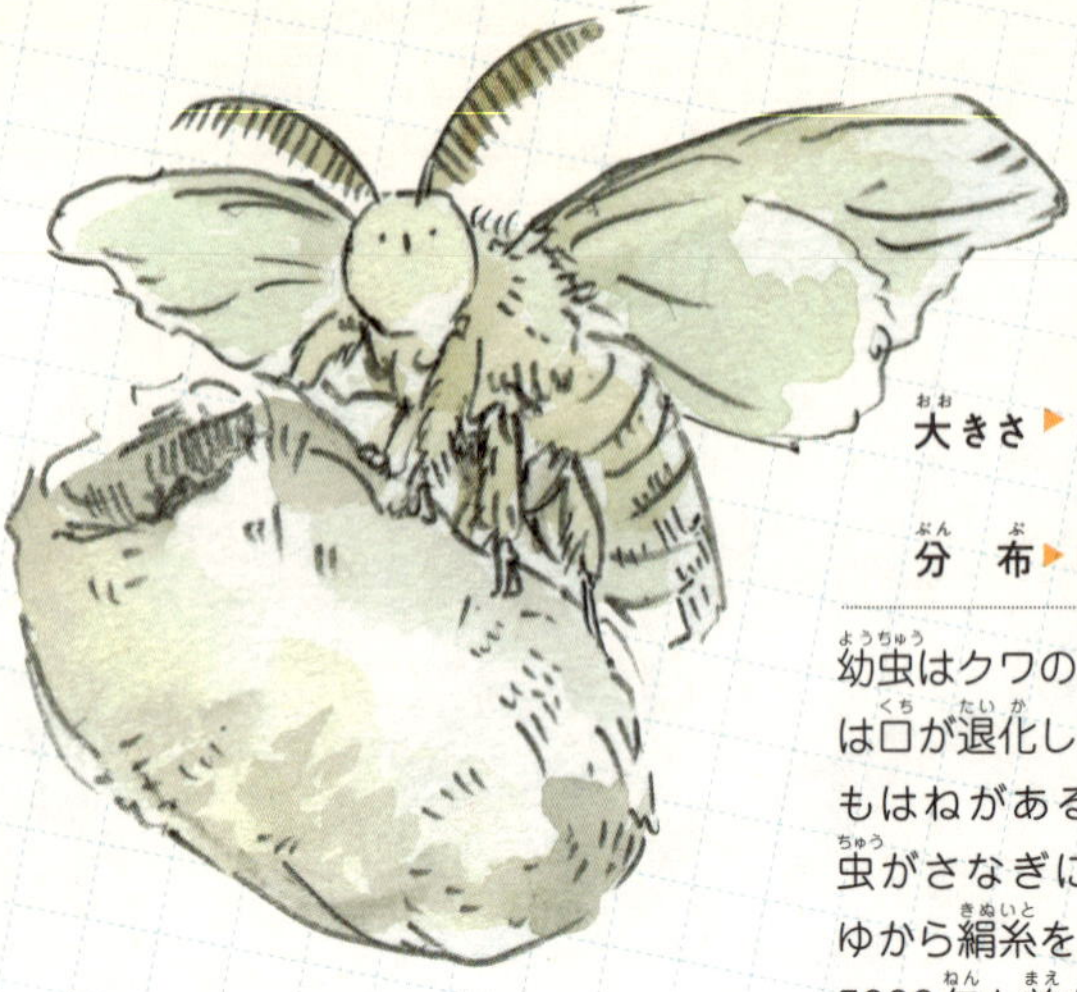

カイコガ

大《おお》きさ ▶ 前《まえ》ばねの長《なが》さ
17～20mm
分《ぶん》　布《ぶ》 ▶ 野生《やせい》のものはいない

幼虫《ようちゅう》はクワの葉《は》を食《た》べるが、成虫《せいちゅう》は口《くち》が退化《たいか》して何《なに》も食《た》べず、しかもはねがあるのに飛《と》べない。幼《よう》虫《ちゅう》がさなぎになるときに作《つく》るまゆから絹糸《きぬいと》を採《と》るため、中国《ちゅうごく》では5000年《ねん》も前《まえ》から飼育《しいく》されている。

おカイコ様《さま》と絹糸《きぬいと》

1つのまゆから約《やく》1500mもの美《うつく》しい絹糸《きぬいと》が採《と》れる貴重《きちょう》な昆《こん》虫《ちゅう》として、昔《むかし》から「おカイコ様《さま》」と呼《よ》ばれ大切《たいせつ》にされてきた。カイコがまゆを作《つく》り始《はじ》めると、地域《ちいき》によっては、だんごやもちをつくってお祝《いわ》いする行事《ぎょうじ》もあるほど。

どうしてもガマン
できなかったのね

ガの告白《こくはく》

僕《ぼく》と…
つきあって
ください！
えっ…
ちょっと
考《かん》えさせて…
んー
どうしよっかな…
あれ？
…わたしと街灯《がいとう》
どっちが
大切《たいせつ》やねん!!!!!

ゆるふわ度《ど》
★★★★

トンボ

ライト兄弟《きょうだい》も
びっくりの
飛行家《ひこうか》！

飛行《ひこう》テクニックでは昆虫界《こんちゅうかい》で右《みぎ》に出《で》るものなし。大《おお》きな4枚《まい》のはねで、大空《おおぞら》を自由《じゆう》に飛《と》び回《まわ》ります。名《な》前《まえ》の由来《ゆらい》には「飛羽」「飛ぶ棒」など諸説《しょせつ》あり。

アキアカネ

大《おお》きさ▶約《やく》40mm
分《ぶん》　布《ぷ》▶日本《にほん》、東《ひがし》アジア
メ　モ▶平地《へいち》で羽化《うか》し、山地《さんち》に移《い》動《どう》して夏《なつ》を過《す》ごす。秋《あき》には平地《へいち》にもどり交尾《こうび》・産《さん》卵《らん》をする

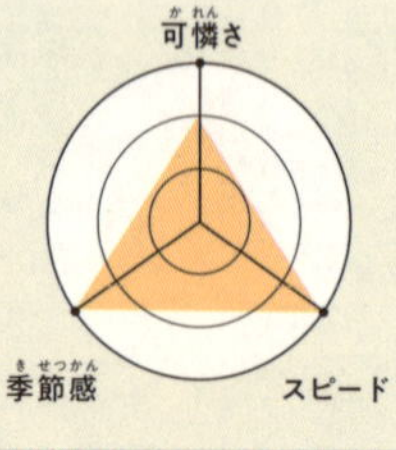

昆虫界《こんちゅうかい》きっての飛行術《ひこうじゅつ》！

高《たか》い飛翔能力《ひしょうのうりょく》のヒミツ、それは前《まえ》ばねと後《うし》ろばねを交互《こうご》にはばたかせられること。種類《しゅるい》によって、高速飛行《こうそくひこう》や急旋回《きゅうせんかい》、ホバリングなどができます。

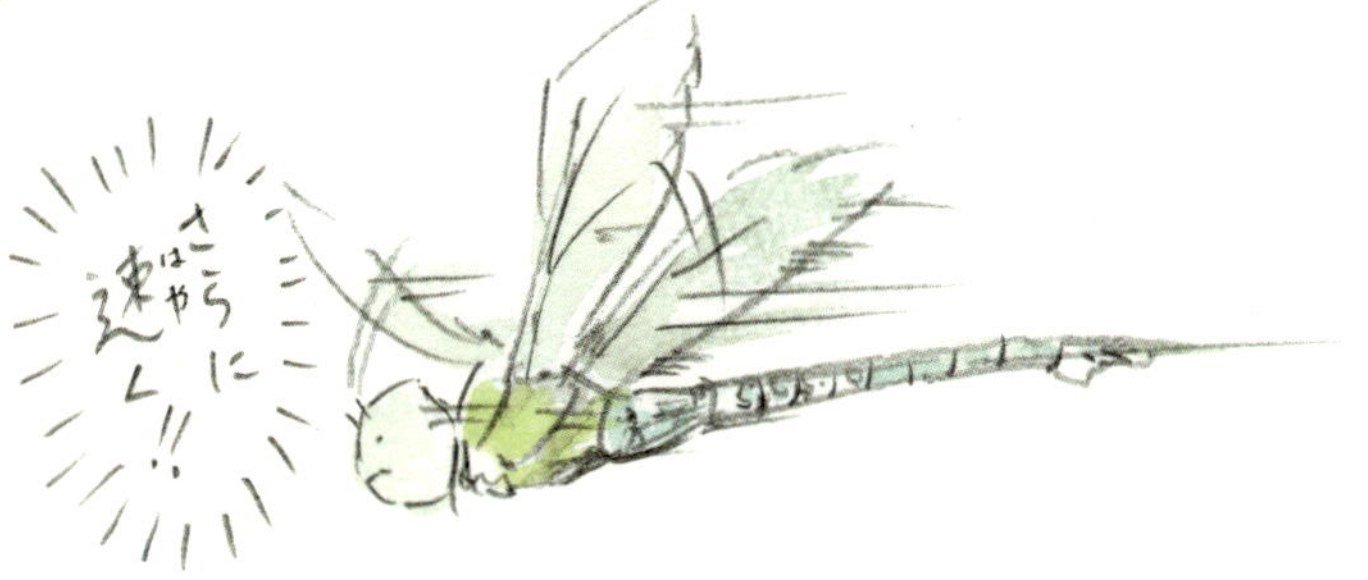

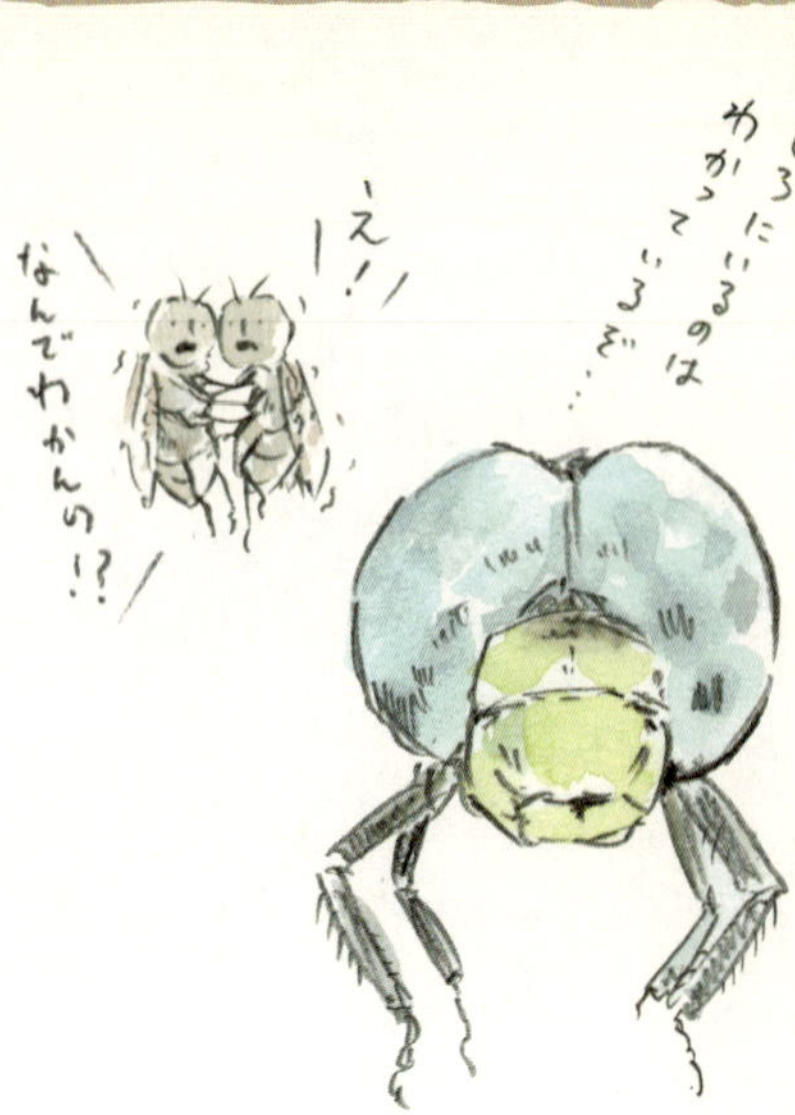

うしろにいるのはわかっているぞ…
え！
なんでわかんの!?

ケタ違《ちが》いの視《し》野《や》と動《どう》体《たい》視《し》力《りょく》！

トンボの大《おお》きな眼《め》は約《やく》2万個《まんこ》もの小《ちい》さな眼《め》が集《あつ》まった「複眼《ふくがん》」。広《ひろ》い視《し》野《や》と素早《すばや》く動《うご》くものをとらえる能力《のうりょく》をもち、飛《と》びながら小《ちい》さな虫《むし》を捕《つか》まえることだって可能《かのう》です。

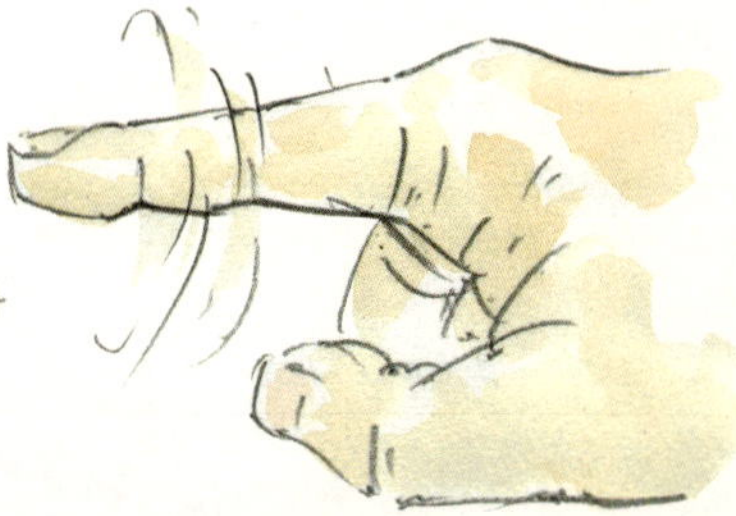

トンボは目《め》を回《まわ》す？

止《と》まっているトンボの眼《め》の前《まえ》で指《ゆび》を回《まわ》すと、トンボがじっと指《ゆび》を見《み》ることがあります。これは、目《め》を回《まわ》しているのではなく、動《うご》くものをエモノかどうかよく見《み》ているのではないかと考《かんが》えられています。

……
さっきから何《なに》やってんの？

水中《すいちゅう》から空中《くうちゅう》へ

トンボの幼虫《ようちゅう》「ヤゴ」は、水中《すいちゅう》で昆虫《こんちゅう》や小魚《こざかな》などを待《ま》ちぶせて食《た》べます。種類《しゅるい》によって、池《いけ》や沼《ぬま》、川《かわ》、汽水域《きすいいき》など様々《さまざま》な環境《かんきょう》を利用《りよう》しています。やがて、羽化《うか》して成虫《せいちゅう》となり、空《そら》へと羽《は》ばたいていきます。

トンボの仲間《なかま》たち

オニヤンマ

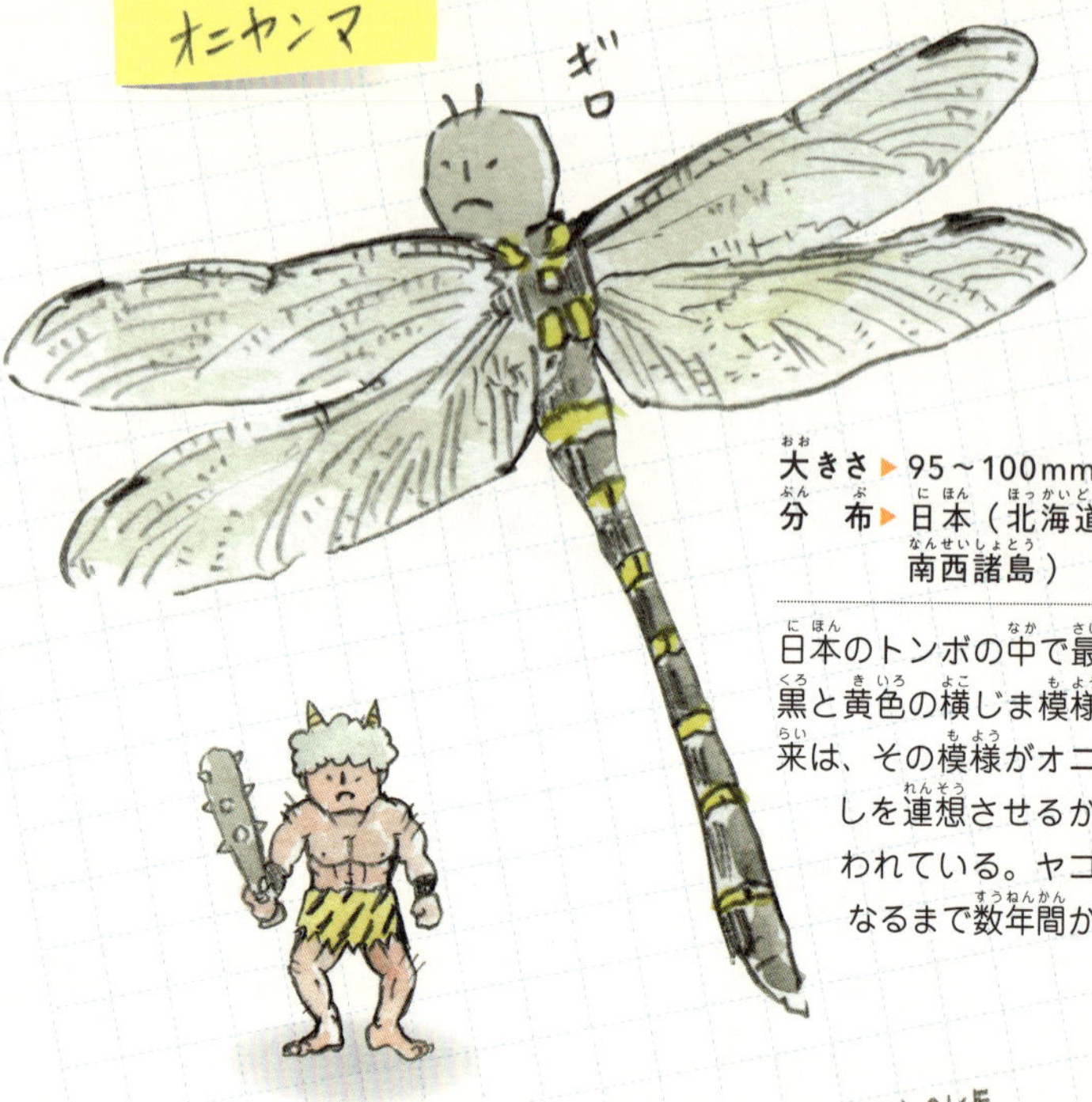

大《おお》きさ▶95～100mm
分《ぶん》　布《ぶ》▶日本《にほん》（北海道《ほっかいどう》～九州《きゅうしゅう》、南西諸島《なんせいしょとう》）

日本《にほん》のトンボの中《なか》で最大《さいだい》。体《からだ》は黒《くろ》と黄色《きいろ》の横《よこ》じま模様《もよう》。名《な》の由来《ゆらい》は、その模様《もよう》がオニのふんどしを連想《れんそう》させるからともいわれている。ヤゴは成虫《せいちゅう》になるまで数年間《すうねんかん》かかる。

アオイトトンボ

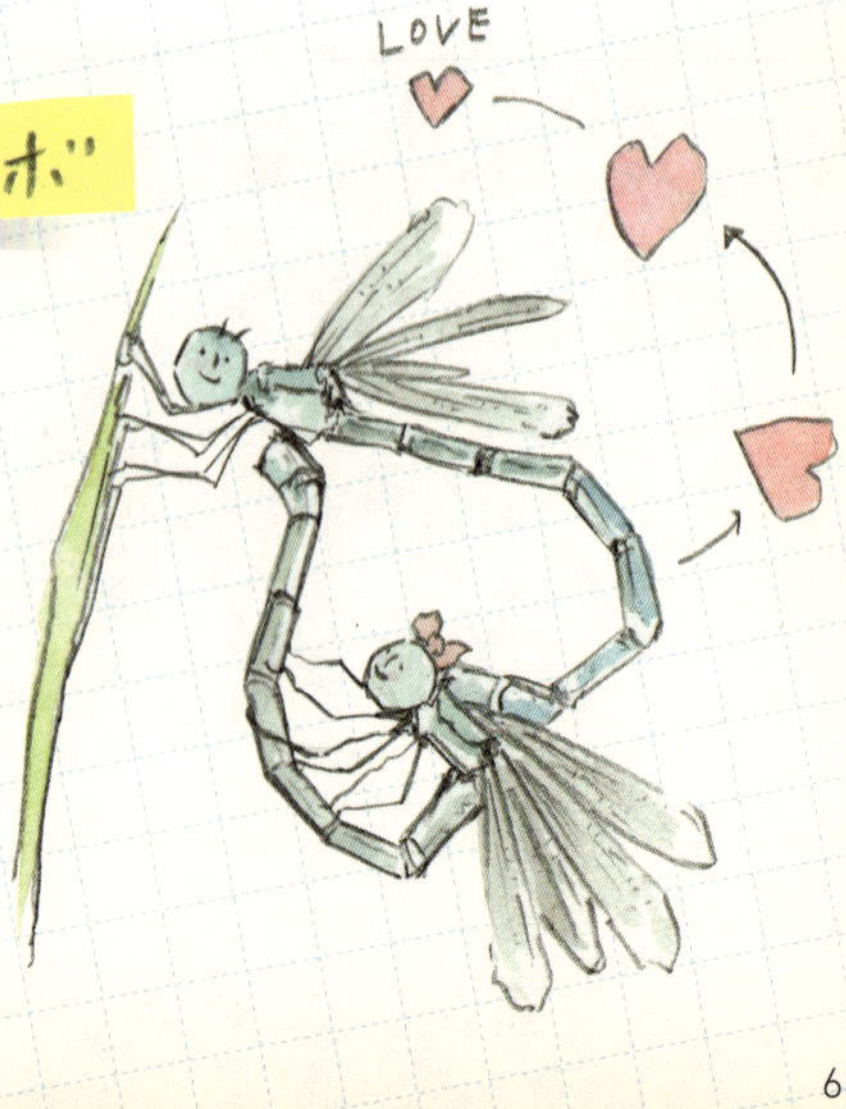

大《おお》きさ▶約《やく》40mm
分《ぶん》　布《ぶ》▶日本《にほん》（北海道《ほっかいどう》～九州《きゅうしゅう》）、東《ひがし》アジア、ヨーロッパ

体《からだ》は細《ほそ》く、背《せ》から腹《はら》にかけて金属《きんぞく》光沢《こうたく》のある緑色《みどりいろ》をしている。平地《へいち》から山地《さんち》のぬまや湿原《しつげん》などにいる。交尾《こうび》のときにはオスとメスが連結《れんけつ》してハート型《がた》になる、なんともメルヘンなトンボ。

トンボの飛翔能力《ひしょうのうりょく》は
みんなのあこがれ!

トンボタクシー

アゲハチョウの羽化《うか》を見《み》てみよう！

アゲハなら、春《はる》から夏《なつ》ごろ、ミカン科《か》の木《き》の葉《は》にいる幼虫《ようちゅう》を探《さが》しましょう。幼虫《ようちゅう》の期間《きかん》は全部《ぜんぶ》で２～３週間《しゅうかん》で、小《ちい》さい幼虫《ようちゅう》は鳥《とり》のふんのような白《しろ》と黒《くろ》の模様《もよう》をしています。４回脱皮《かいだっぴ》した５れい幼虫《ようちゅう》は緑色《みどりいろ》になります。

幼虫《ようちゅう》を見《み》つけたら、葉《は》のついたミカンの枝《えだ》ごと水《みず》の入《はい》ったコップや小《こ》ビンに入《い》れ、そのまま飼育《しいく》ケースに入《い》れましょう。コップの水《みず》の中《なか》に幼虫《ようちゅう》が落《お》ちないように開放面《かいほうめん》にティッシュをつめてください。ミカンの葉《は》が少《すく》なくなったら、新《あたら》しい枝《えだ》を入《い》れかえます。

５れい幼虫《ようちゅう》になると１週間《しゅうかん》ほどでさなぎになり、１～２週間《しゅうかん》で羽化《うか》します。体《からだ》の表面《ひょうめん》にはねの色《いろ》が透《すけ》けて見《み》えてくると、羽化《うか》が近《ちか》いサインです。羽化《うか》したときに、はねをのばせるスペースを確保《かくほ》しておきましょう。

羽化《うか》は深夜《しんや》から早朝《そうちょう》のことが多《おお》いので、早起《はやお》きして観察《かんさつ》しましょう。

第《だい》4章《しょう》

カマキリや
バッタたち

草《くさ》むらや空《あ》き地《ち》で出《で》会《あ》える、
おなじみのムシたちをご紹介《しょうかい》!

ゆるふわ度《ど》★★

カマキリ

オレの前《まえ》ではすべてがえもの。

逆三角形《ぎゃくさんかくけい》の顔《かお》に大《おお》きな2つの複眼《ふくがん》をもち、カマのような前《まえ》あしで昆虫《こんちゅう》をとらえる姿《すがた》は、まさに孤高《ここう》のハンター！ 交《こう》尾《び》しようと近《ちか》づくオスや交尾中《こうびちゅう》のオスを、メスが食《た》べてしまうことも……。

オオカマキリ

大《おお》きさ ▶ 70～95mm
分《ぶん》　布《ぷ》 ▶ 日本《にほん》（本州《ほんしゅう》、四国《しこく》、九州《きゅうしゅう》、南西諸島《なんせいしょとう》）、中国《ちゅうごく》、東南《とうなん》アジア
メ　モ ▶ 日本《にほん》にいるカマキリでは最大《さいだい》。昼《ひる》も夜《よる》も活動《かつどう》する

ファイター度《ど》
ハンター度《ど》
おなじみ度《ど》

泡《あわ》で守《まも》られた卵《たまご》

交尾《こうび》を終《お》えたメスは、植物《しょくぶつ》の茎《くき》や枝《えだ》に、ねばり気《け》のある泡《あわ》で卵《たまご》を包《つつ》んで産卵《さんらん》します。数時《すうじ》間《かん》すると泡《あわ》はかたまり、衝撃《しょうげき》、低温《ていおん》や乾燥《かんそう》から卵《たまご》を守《まも》ります。

1つの泡《あわ》から 200ぴき?!

春《はる》は卵《たまご》がかえる季節《きせつ》。泡《あわ》のかたまり1つから、なんと200ぴき以上《いじょう》もの幼虫《ようちゅう》が生《う》まれてきます。親《おや》と同《おな》じ姿《すがた》で生《う》まれ、脱皮《だっぴ》をくり返《かえ》しながら成虫《せいちゅう》になっていく彼《かれ》らの中《なか》で、無事《ぶじ》におとなになれるのは数《すう》ひき程度《ていど》。とっても厳《きび》しい世界《せかい》なのです。

どうやら飛《と》ぶのは苦手《にがて》らしい

オスは体《からだ》がスリムで、メスやエサを求《もと》めて活発《かっぱつ》に飛《と》び回《まわ》ります。かたやメスは、卵《たまご》を産《う》むために体《からだ》が大《おお》きいため、うまく飛《と》ぶのは少々苦手《しょうしょうにがて》。メスのはねは役立《やくだ》たずかと思《おも》いきや、大《おお》きく広《ひろ》げて外敵《がいてき》を威嚇《いかく》するという、まさかの活用法《かつようほう》があります。

気配《けはい》を消《け》してエモノに近《ちか》づく

カマキリの狩《か》りで大切《たいせつ》なのは、「忍耐《にんたい》」と「瞬発力《しゅんぱつりょく》」。葉《は》の上《うえ》や花《はな》の近《ちか》くで身《み》をひそめ、じっとエモノを待《ま》ちぶせします。エモノを見《み》つけると、気《き》づかれないようにそっと忍《しの》び寄《よ》り、自慢《じまん》のカマで一気《いっき》にとらえます。

ここで突然《とつぜん》！

あなたはバッタです！

草《くさ》むらにひそむカマキリをうまくよけて、
向《む》こうがわへ行《い》こう！
さてカマキリは全部《ぜんぶ》で何《なん》ひきいるかな？

カマキリの仲間《なかま》たち

花《はな》のふりをする

カマキリ界《かい》のモノマネ王者《おうじゃ》1

ハナカマキリ（幼体《ようたい》）

美《うつく》しくしとめるよ…

大《おお》きさ ▶ 約10～50mm
分《ぶん》　布《ぷ》 ▶ 東南《とうなん》アジア

幼虫《ようちゅう》の姿《すがた》は美《うつく》しいランの花《はな》にそっくり。花《はな》になりきって、近《ちか》づいてきたエモノをまんまととらえる。ただし、花《はな》に似《に》ているのは幼虫時《ようちゅうじ》代《だい》のみ。

枯《か》れ葉《は》になりきる

カマキリ界《かい》のモノマネ王者《おうじゃ》2

ヒシムネカレハカマキリ

大《おお》きさ ▶ 60～80mm
分《ぶん》　布《ぷ》 ▶ 東南《とうなん》アジア

全身《ぜんしん》、枯《か》れ葉《は》にそっくり。胸《むね》にもはねにも、葉脈《ようみゃく》のような筋《すじ》があり、枯《か》れ葉《は》の中《なか》にいると、なかなか見《み》つけられない。

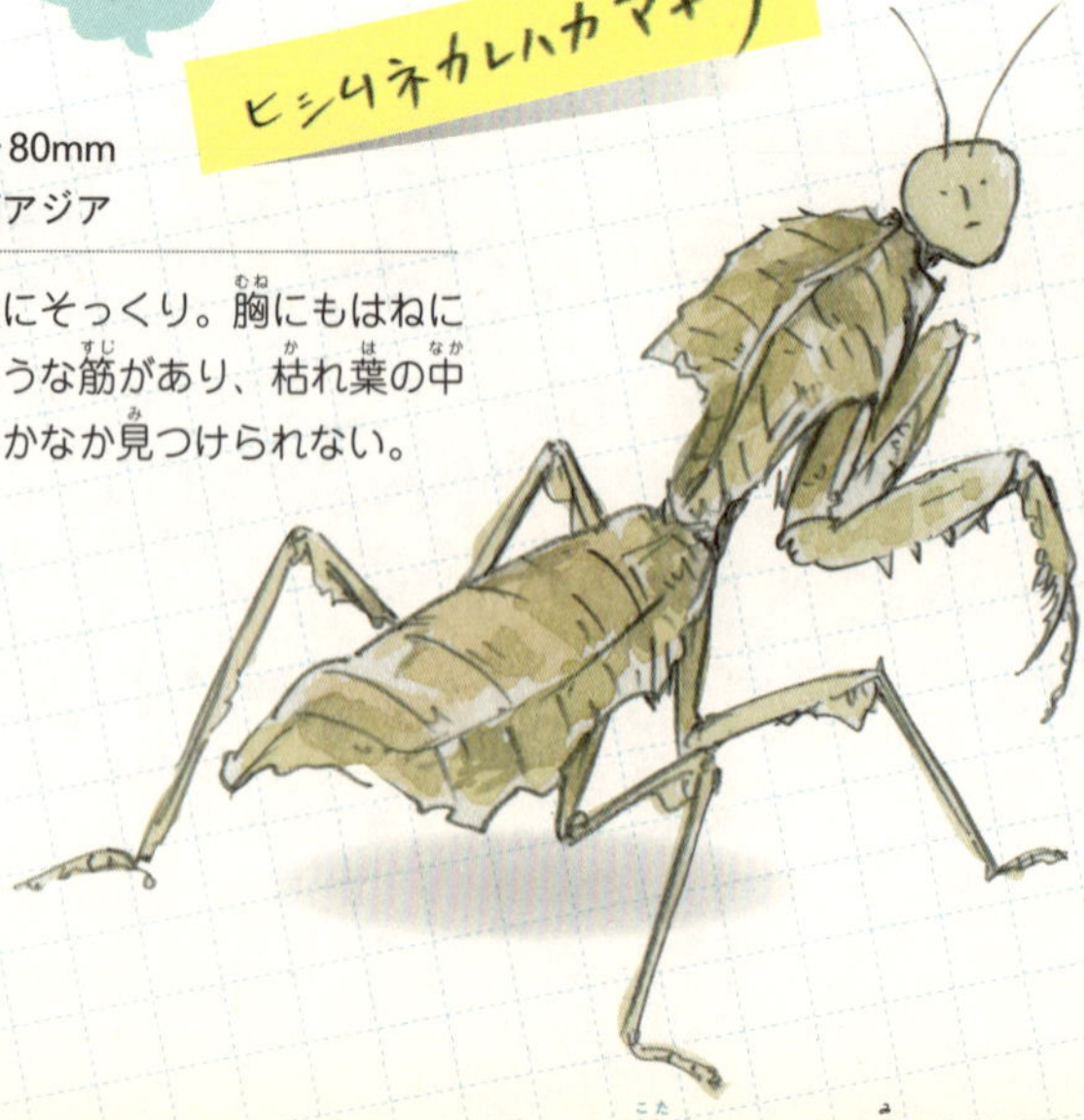
カレハとまちがえてふまないでね…

67ページ答《こた》え　10ぴき。見《み》つけられたかな？

カマキリのかげぐち

カマキリって強《つよ》いのかなー
いやいや、オレらのほうが強《つよ》いだろ
・・・・・
負《ま》けるとしたら草《くさ》のモノマネくらいか！
それ言《い》えてる！
ザッ
いるううう!!
いるうううう！

ハチとカマキリってどっちが強《つよ》いの？
やっぱカマキリらしいよ

ゆるふわ度《ど》★★★

バッタ

あなたの心《こころ》に
ハイジャンプ。

大《だい》ジャンプのヒミツは、発達《はったつ》したその後《うし》ろ足《あし》。太《ふと》くて短《みじか》い触角《しょっかく》をもち、じょうぶな大《おお》あごで植物《しょくぶつ》をかみくだきます。日本《にほん》には緑色《みどりいろ》や褐色《かっしょく》が多《おお》いのですが、世界《せかい》にはカラフルなバッタが存在《そんざい》します。

トノサマバッタ

大《おお》きさ ▶ 35～65mm
分《ぶん》　布《ぶ》 ▶ 日本《にほん》（北海道《ほっかいどう》～南西《なんせい》諸島《しょとう》）、ユーラシア大陸《たいりく》、アフリカ
メ　モ ▶ 大《おお》きくて威厳《いげん》のある姿《すがた》が名《な》の由来《ゆらい》。別名《べつめい》「ダイミョウバッタ」

ファイター度《ど》
ジャンプ力《りょく》
おなじみ度《ど》

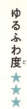

バッタの成長《せいちょう》

昆虫《こんちゅう》の成長《せいちょう》には3種類《しゅるい》あります。カブトムシやチョウのように、幼虫《ようちゅう》がさなぎになってから成虫《せいちゅう》になる「完《かん》全変態《ぜんへんたい》」。バッタやカマキリなどのように、さなぎにならず脱《だっ》皮《ぴ》をくり返《かえ》して成虫《せいちゅう》になる「不完全変態《ふかんぜんへんたい》」、シミのように成虫《せいちゅう》になっても見《み》た目《め》がほぼ変《か》わらない「無変態《むへんたい》」の3つです。

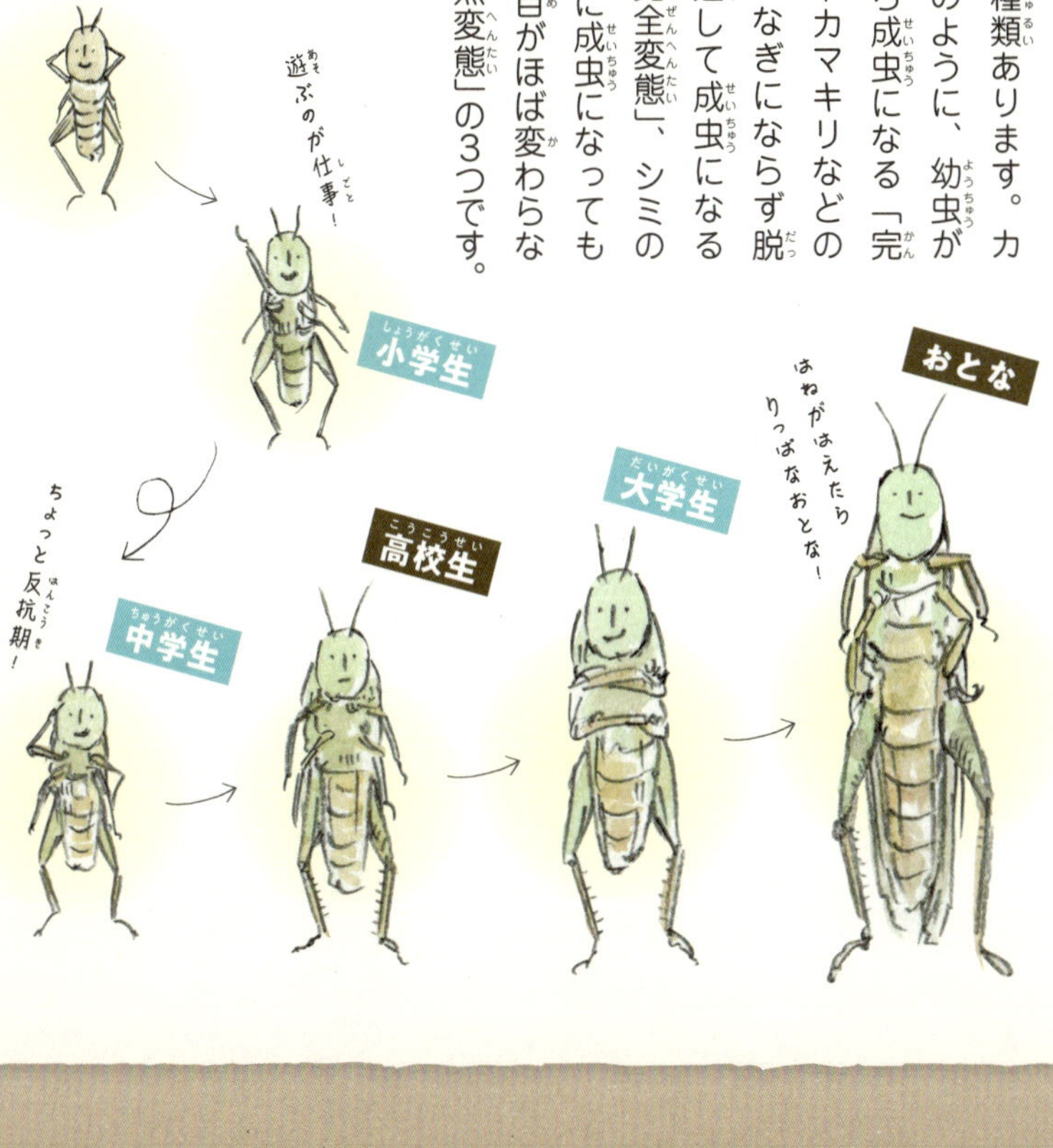
遊《あそ》ぶのが仕事《しごと》！
小学生《しょうがくせい》
ちょっと反抗期《はんこうき》！
中学生《ちゅうがくせい》
高校生《こうこうせい》
大学生《だいがくせい》
はねがはえたらりっぱなおとな！
おとな

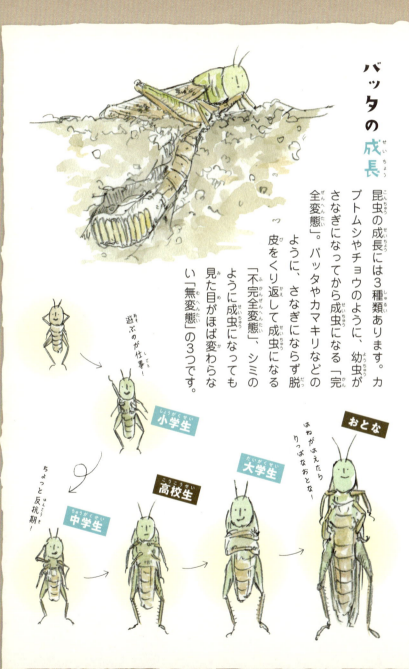

じつは、100キロメートル以上《いじょう》も大移動《だいいどう》！

バッタのなかには、大群《たいぐん》で長距離《ちょうきょり》を大移動《だいいどう》するものもいます。サバクトビバッタは、1日《にち》になんと100キロメートル以上大移動《いじょうだいいどう》することも！　移動時《いどうじ》の体《からだ》の色《いろ》は褐色《かっしょく》をしています。

しかも、じつは鳴《な》く

ジッジッ
ジッジ
チキチキ
チキチキ

バッタは種類《しゅるい》によって、音《おと》の出《だ》し方《かた》がちがいます。ショウリョウバッタのオスは、飛《と》ぶ時《とき》に前《まえ》ばねと後《うし》ろばねをすり合《あ》わせて「チキチキ…」と音《おと》を出《だ》し、トノサマバッタは前《まえ》ばねと後《うし》ろあしをこすり合《あ》わせて「ジッジッ…」と音《おと》を出《だ》します。

バッタの仲間《なかま》たち

サバクトビバッタ

大《おお》きさ ▶ 35～50mm
分《ぶん》 布《ぷ》 ▶ アジア、アフリカ

ふだんは1ぴきぐらしで緑《みどり》色《いろ》なのに、食糧《しょくりょう》不足《ぶそく》になると密集《みっしゅう》して、体《からだ》が褐色《かっしょく》のものが生《う》まれる。はらぺこ集《しゅう》団《だん》として大移動《だいいどう》し、通過《つうか》する土地《とち》の植物《しょくぶつ》を食《た》べつくしてしまう。

おそるべし100億《おく》ひきのハラペコ軍団《ぐんだん》

群《む》れたサバクトビバッタの数《かず》は、多《おお》いときはなんと100億《おく》ひき。大《だい》集団《しゅうだん》で5000kmも移動《いどう》する。飛《と》びながら、花《はな》も実《み》も葉《は》も食《た》べつくすので、農業《のうぎょう》にも大打撃《だいだげき》をあたえ、食糧《しょくりょう》不足《ぶそく》や飢饉《ききん》をもたらす。

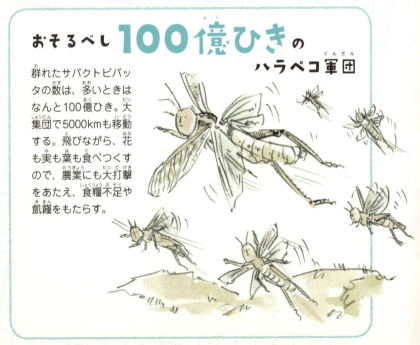

オンブバッタ

重《おも》くてゴメンね

大《おお》きさ▶20～42mm
分《ぶん》布《ぷ》▶日本《にほん》(北海道《ほっかいどう》～南西諸島《なんせいしょとう》)、朝鮮半島《ちょうせんはんとう》、中国《ちゅうごく》

その名《な》のとおり、体《からだ》の大《おお》きなメスの上《うえ》に、体《からだ》の小《ちい》さなオスが乗《の》っている。イネ科《か》よりもマメ科《か》やキク科《か》の植物《しょくぶつ》を好《この》んで食《た》べる。

カワラバッタ

大《おお》きさ▶25～43mm
分《ぶん》布《ぷ》▶日本《にほん》(本州《ほんしゅう》、四国《しこく》、九州《きゅうしゅう》)

名前《なまえ》のとおり川原《かわら》、とくに中流域《ちゅうりゅういき》の広《ひろ》い川原《かわら》にすむ。全身《ぜんしん》が石《いし》や砂《すな》と同《おな》じような色《いろ》をしているので、見《み》つかりにくい。地味《じみ》に見《み》えるが、飛《と》ぶと美《うつく》しい空色《そらいろ》の後《うし》ろばねが見《み》える。

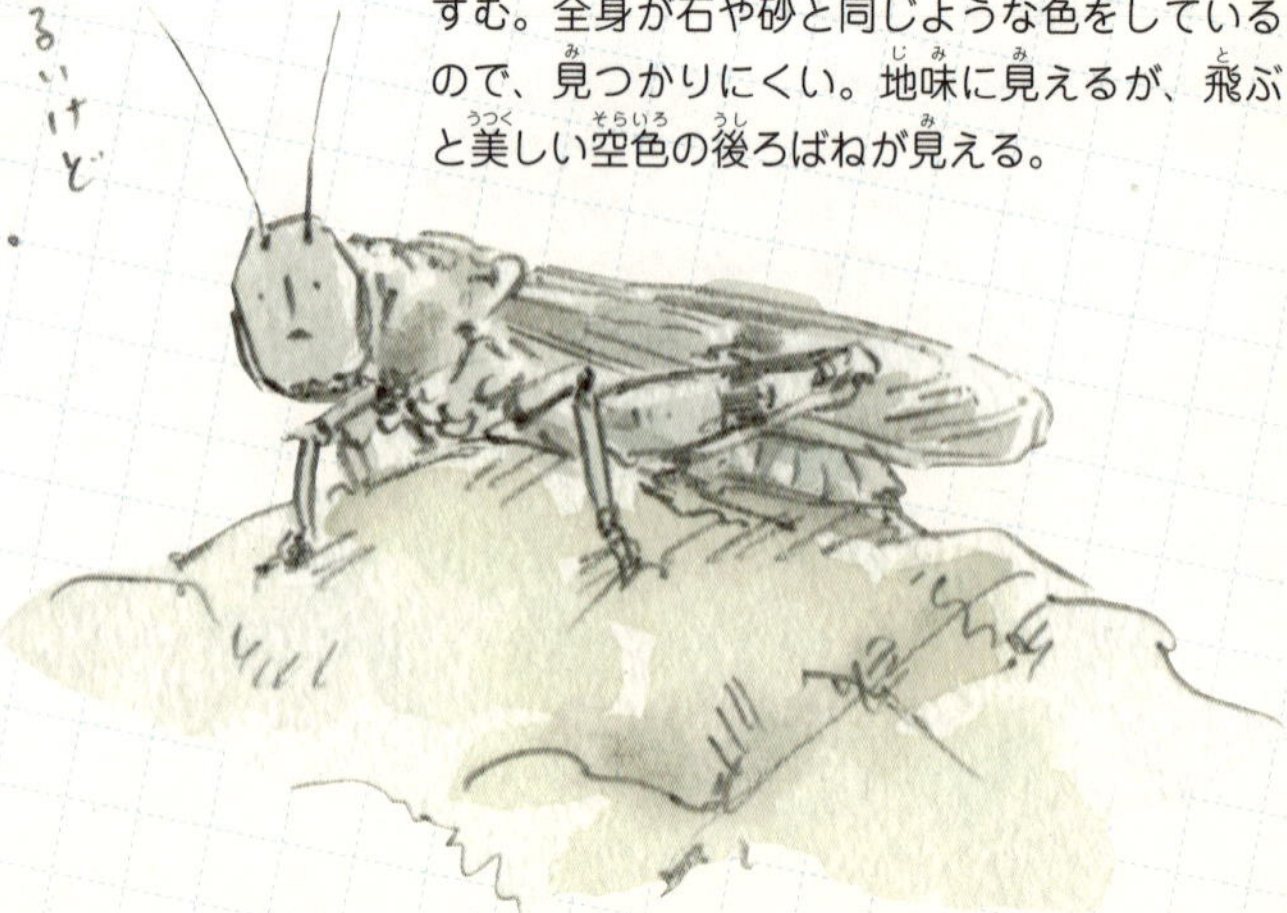
顔《かお》色《いろ》わるいけど元《げん》気《き》っす。

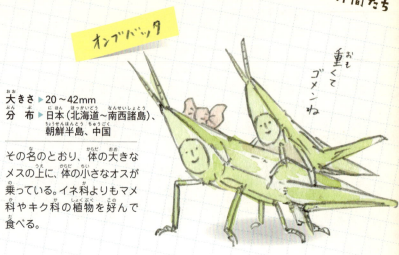

オンブバッタの紹介《しょうかい》

ゆるふわ度《ど》★★★★

スズムシ

秋《あき》の夜《よる》は
僕《ぼく》のリサイタル！

秋《あき》に鳴《な》く虫《むし》の代表格《だいひょうかく》。すでに平安時代《へいあんじだい》ごろから、その美《うつく》しい鈴《すず》のような鳴《な》き声《ごえ》を聞《き》くために飼《か》われていたようです。

スズムシ

大《おお》きさ ▶ 15～17mm

分《ぶん》 布《ぷ》 ▶ 日本《にほん》（本州《ほんしゅう》、四国《しこく》、九州《きゅうしゅう》）
東《ひがし》アジア

メ モ ▶ 昆虫《こんちゅう》のぬけがらや死《し》がい、植物《しょくぶつ》の葉《は》などを食《た》べる。8～9月《がつ》に鳴《な》き声《ごえ》を聞《き》ける

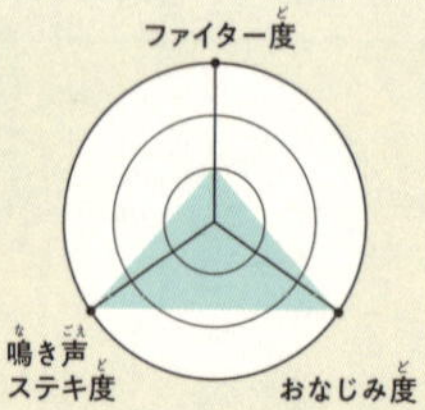
ファイター度《ど》
鳴《な》き声《ごえ》ステキ度《ど》
おなじみ度《ど》

音色《ねいろ》でわかるメッセージ ―スズムシ編《へん》―

鳴《な》くのはオスのみ。立《た》てたはねをこすり合《あ》わせて音《おと》を出《だ》します。メスをさそう愛《あい》のメッセージは「リリーリリー…」、なわばりを主《しゅ》張《ちょう》するときは強《つよ》く「リー」と鳴《な》きます。

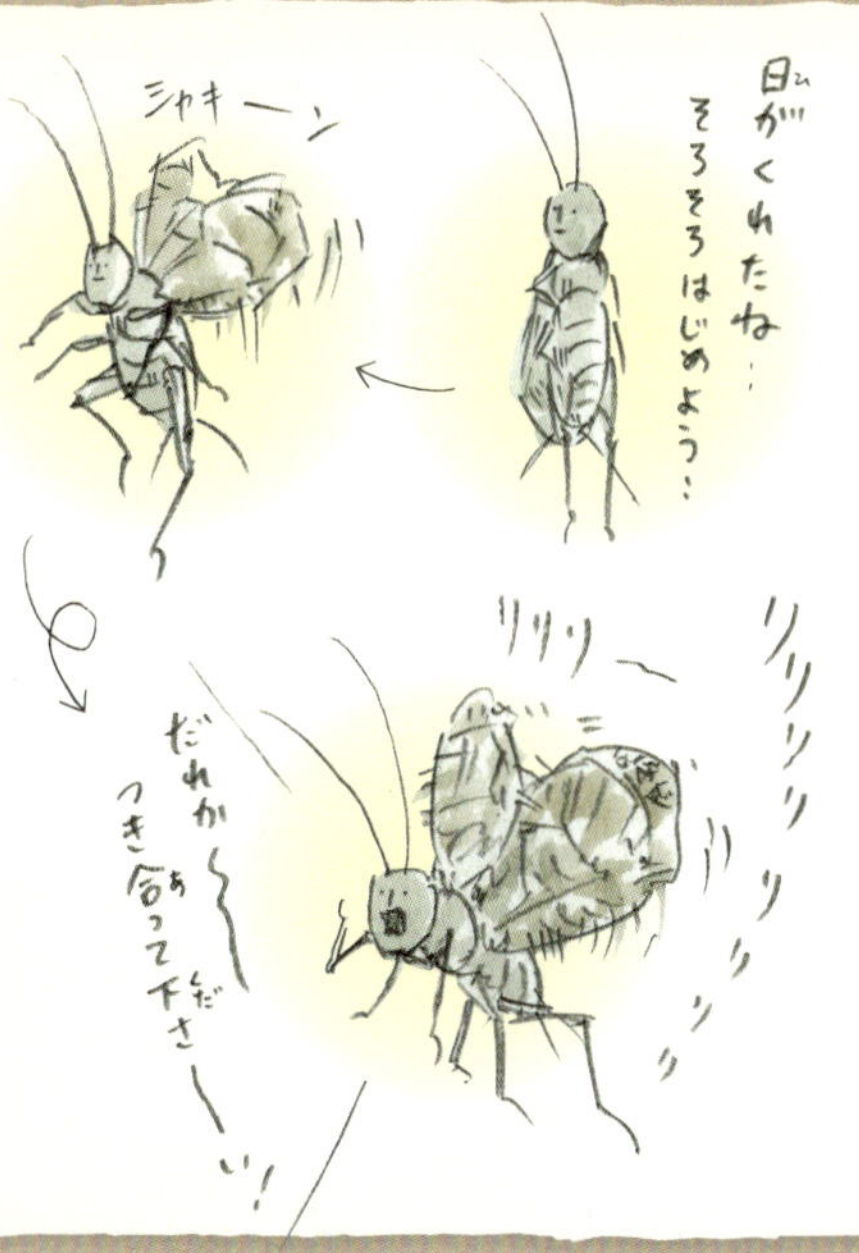
日《ひ》がくれたね‥
そろそろはじめよう‥
シャキーン
リリリ〜
リリリリ
だれか〜つき合《あ》って下《くだ》さ〜い!

スズムシの鳴《な》く理由《りゆう》

すごい正直者《しょうじきもの》だな

君《きみ》たち なんのために 鳴《な》いているんだ!
言《い》ってみろ!!
はい!
モテるためです!!

ゆるふわ度《ど》 ★★★★

コオロギ

秋《あき》だから鳴《な》くんじゃない。
鳴《な》きてーから鳴《な》くんだ。

コオロギの仲間《なかま》は、日本《にほん》だけでも約《やく》60種《しゅ》、世界《せかい》には約《やく》2000種《しゅ》もいるというから驚《おどろ》きです。大《おお》きさはさまざまですが、体《たい》色《しょく》は黒《くろ》や茶《ちゃ》のものが多《おお》く、後《うし》ろあしが太《ふと》く発達《はったつ》し、はねるように移動《いどう》します。

エンマコオロギ

大《おお》きさ ▶ 25～30mm
分《ぶん》　布《ぷ》 ▶ 日本《にほん》（北海道《ほっかいどう》～九州《きゅうしゅう》）、東《ひがし》アジア
メ　モ ▶ 日本《にほん》で最《もっと》も有名《ゆうめい》なコオロギ。大型《おおがた》で顔《かお》の模様《もよう》が閻魔大王《えんまだいおう》を思《おも》わせることから名《な》づけられた。8～11月《がつ》に鳴《な》き声《ごえ》を聞《き》ける

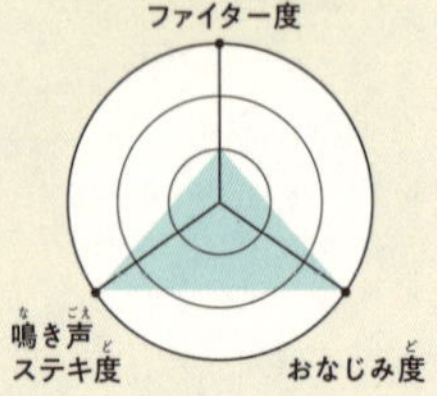

ファイター度《ど》
鳴《な》き声《ごえ》ステキ度《ど》
おなじみ度《ど》

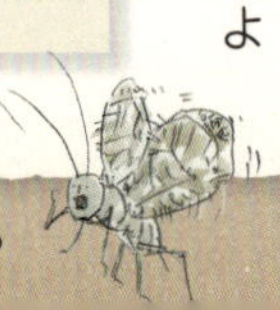
キャラかぶってんだよなぁ

音色《ねいろ》でわかるメッセージ —コオロギ編《へん》—

エンマコオロギは、はねを斜《なな》めに立《た》ててこすり合《あ》わせて音《おと》を出《だ》します。なわばりを知《し》らせるときは「コロコロリッリッ…」、ケンカのときは「キッキッ…」、メスをさそうときは「コロコロリ〜」。スズムシ同様《どうよう》、音色《ねいろ》で気《き》もちを伝《つた》えます。

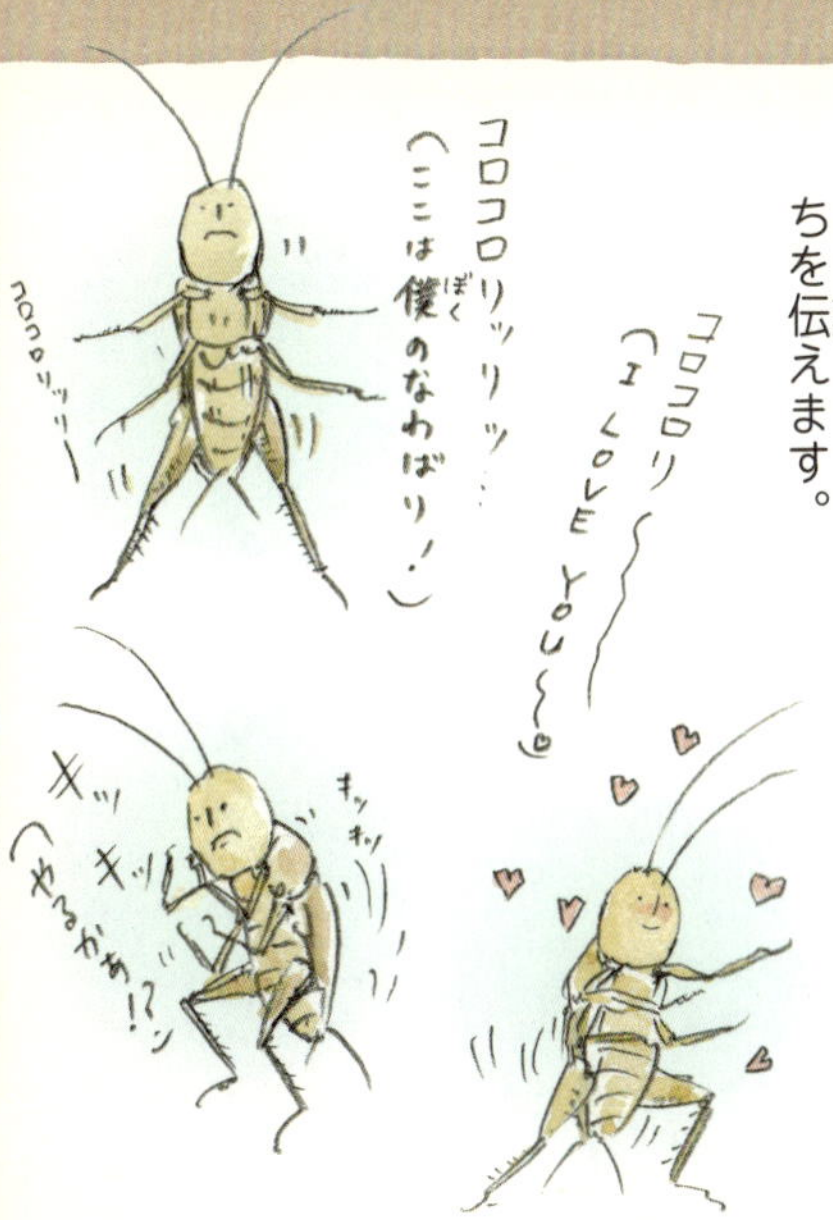
コロコロリッリッ…
（ここは僕《ぼく》のなわばり！）
コロコロリッリッ
コロコロリ〜
（I LOVE YOU〜）
キッ
キッ
（やるかぁ!?）
キッキッ

エンマコオロギの顔《かお》って
よく見《み》るとチョーコワイ

エンマコオロギの由来《ゆらい》

なんて
こわい顔《かお》…
まるで
えんま大王《だいおう》…
ん？‥
ドーン

ゆるふわ度《ど》★★★

キリギリス

オスは前《まえ》ばねの発音器《はつおんき》をこすり合《あ》わせて美《うつく》しい音色《ねいろ》で鳴《な》きます。種類《しゅるい》によって鳴《な》き方《かた》が異《こと》なり、キリギリスは「ギーッチョン…」と昼間《ひるま》に鳴《な》きます。

バッタとよくまちがわれます。

大《おお》きさ ▶ 40mm前後《ぜんご》
分《ぶん》　布《ぷ》 ▶ 日本《にほん》（本州《ほんしゅう》、四国《しこく》、九州《きゅうしゅう》）
メ　モ ▶ 雑食《ざっしょく》。江戸時代《えどじだい》から飼育《しいく》され、鳴《な》き声《ごえ》は夏《なつ》の風物《ふうぶつ》詩《し》となっている。6～9月《がつ》に鳴《な》き声《ごえ》を聞《き》くことができる

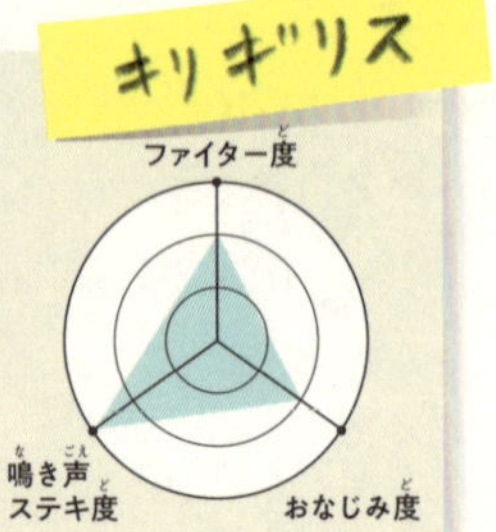
キリギリス
ファイター度《ど》
鳴《な》き声《ごえ》
ステキ度《ど》
おなじみ度《ど》

昼《ひる》しか鳴《な》かない

おもに昼《ひる》に活動《かつどう》します。オスは鳴《な》いてメスをさそいますが、夕方以降《ゆうがたいこう》は鳴《な》きません。とくに晴《は》れた日《ひ》によく鳴《な》き、くもりや雨《あめ》の日《ひ》にはほとんど鳴《な》くことはありません。

似《に》ている昆虫《こんちゅう》でもよく見《み》るとたくさんのちがいがあるよ

バッタとキリギリスのちがい

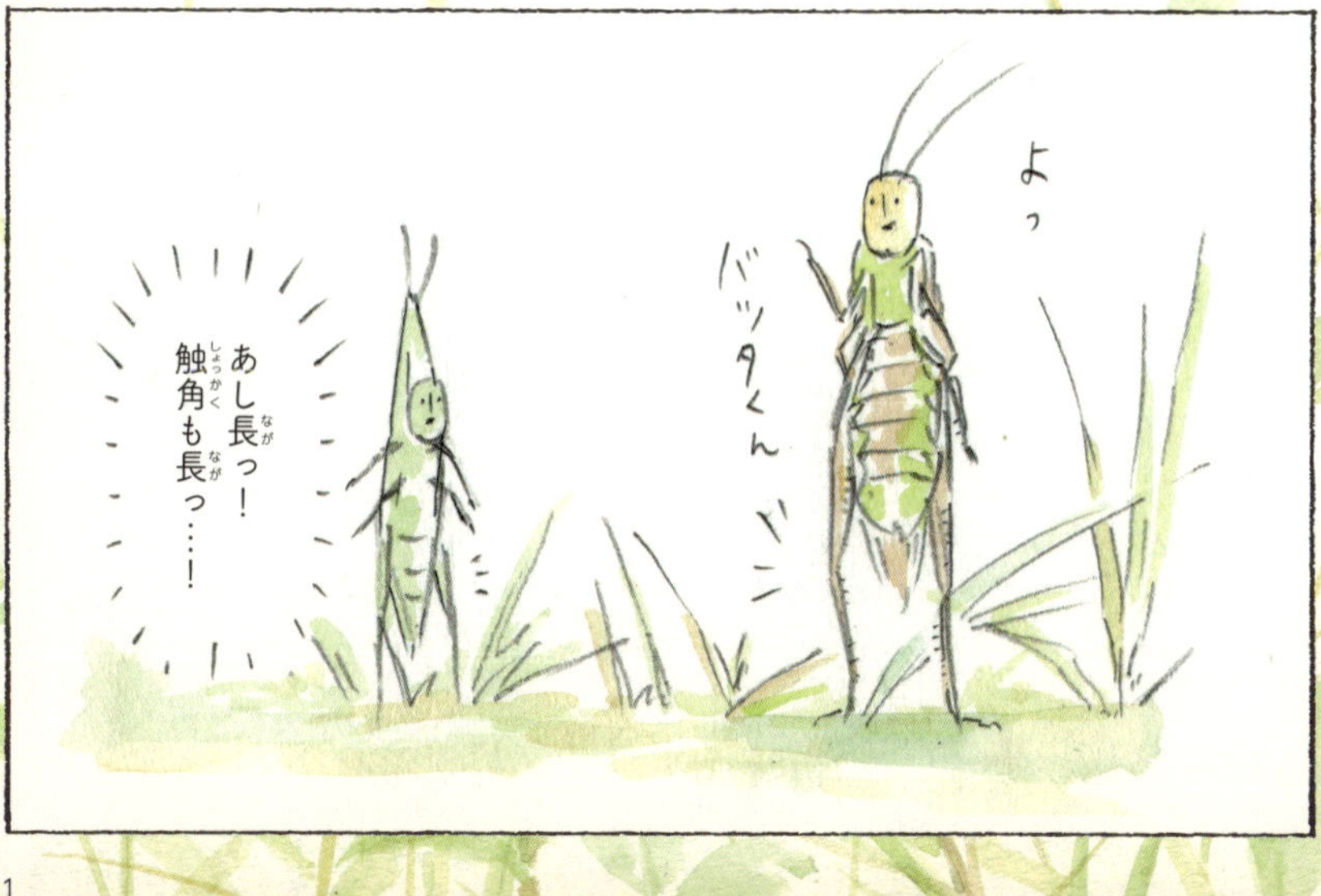

ゆるふわ度《ど》★★★

ナナフシ

どう
このスタイル。

どこからどう見《み》ても木《き》の枝《えだ》にしか見《み》えない体《からだ》で、多《おお》くの敵《てき》の目《め》をあざむきます。誰《だれ》もが認《みと》める「かくれんぼの達人《たつじん》」。

エダナナフシ

大《おお》きさ ▶ 65～112mm

分《ぶん》 布《ぷ》 ▶ 日本《にほん》（本州《ほんしゅう》、四国《しこく》、九州《きゅうしゅう》）

メ　モ ▶ 山地《さんち》や寒《さむ》い場所《ばしょ》ではオスが見《み》つからず、メスだけで繁殖《はんしょく》していると考《かんが》えられる

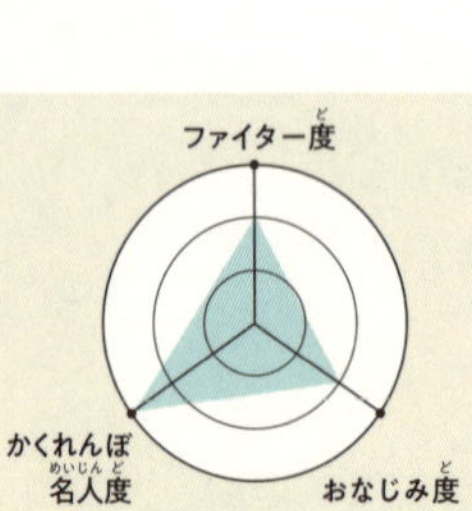
ファイター度《ど》
かくれんぼ名人度《めいじんど》
おなじみ度《ど》

おーッ！
ナナフシー!!
あ…それ
枝《えだ》だよ…

飛《と》べないかわりに 木《き》の枝《えだ》そっくり

飛《と》んで逃《に》げられないかわりに、木《き》の枝《えだ》に擬態《ぎたい》することで身《み》を守《まも》っています。個体《こたい》によって緑《みどり》色《いろ》、褐色《かっしょく》などさまざまな色《いろ》をしています。

コノハチョウとコラボしたらかくれんぼ最強《さいきょう》コンビ！

ナナフシとかくれんぼ

あいつと
かくれんぼなんて
しなきゃよかった…

ウスバカゲロウ

ゆるふわ度 ★★☆

幼虫のころの方がメジャーだったような…。

トンボに似ていますが、体もはねもやわらかく、飛び方もひらひらと弱々しく、素早く飛ぶことはできません。飛び方がゆらゆらしているのを陽炎（空気がゆれて見える現象）に見立てたのが名の由来。

ウスバカゲロウ

- 大きさ ▶ 35〜45mm
- 分布 ▶ 日本（北海道〜九州）、東アジア
- メモ ▶ 幼虫の期間は約2年間、さなぎの期間は約1か月。成虫になってからは約2週間生きる

似てるけど、飛ぶスピードはオレたちトンボのほうが速い！

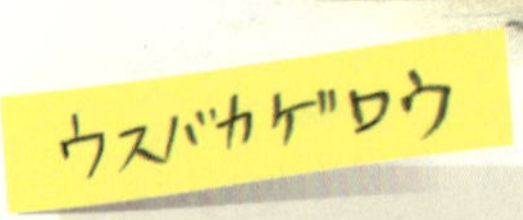

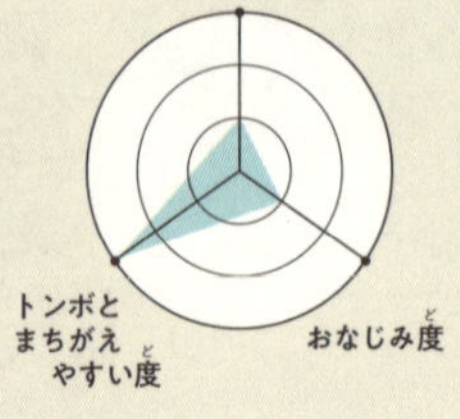

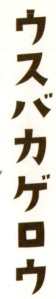

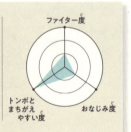

幼虫《ようちゅう》はあのアリジゴク

幼虫《ようちゅう》は乾《かわ》いた地面《じめん》にすりばち状《じょう》のあなをほり、底《そこ》でエモノを待《ま》ちます。あなに落《お》ちてはい上《あ》がろうとするアリなどに砂《すな》をかけて落《お》とし、大《おお》あごではさんで体液《たいえき》を吸《す》います。

ヘッヘッヘッヘッヘ
ひ……
ひ……

アリジゴクのひまつぶし

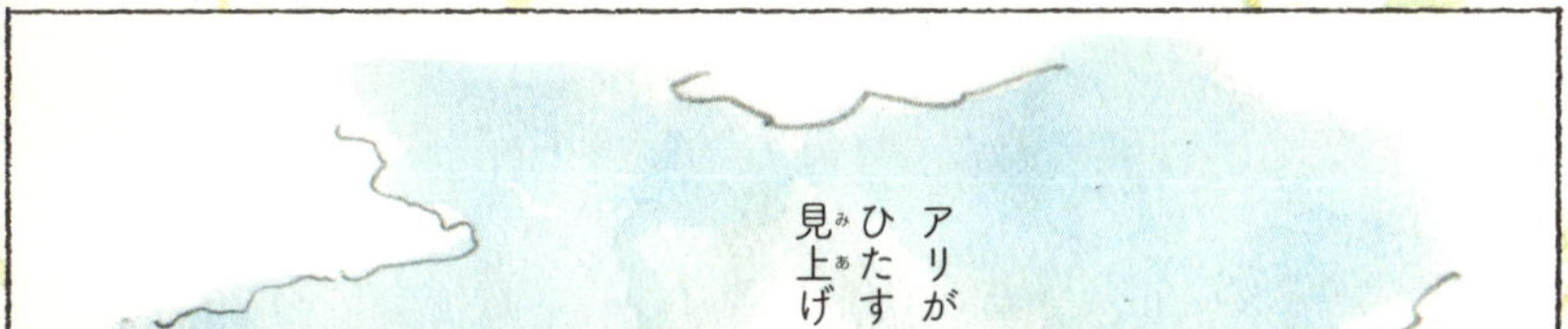
アリがこないときは
ひたすら空《そら》を
見上《みあ》げてます…

おとなと子《こ》どものギャップ激《はげ》しすぎ…

ゆるふわ度《ど》 ★★★★★

ダンゴムシ

よく子《こ》どもに
つつかれて
丸《まる》くさせられます…。

落《お》ち葉《ば》や石《いし》の下《した》にいる身近《みぢか》なダンゴムシは、危険《きけん》を感《かん》じると体《からだ》を丸《まる》めて団子《だんご》のようになることでおなじみ。意外《いがい》にもダンゴムシの仲間《なかま》は海《うみ》でくらすものが多《おお》く、陸《りく》にいるものは一部《いちぶ》の種類《しゅるい》だけです。

オカダンゴムシ

大《おお》きさ ▶ 10～14mm
分《ぶん》布《ぷ》 ▶ 世界各地《せかいかくち》
メ　モ ▶ じつは明治時代《めいじじだい》初期《しょき》にやってきた外来種《がいらいしゅ》

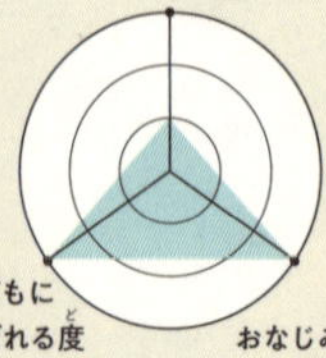
ファイター度《ど》
子《こ》どもに遊《あそ》ばれる度《ど》
おなじみ度《ど》

攻撃力《こうげきりょく》はゼロだが、防御力《ぼうぎょりょく》はあっぱれだ

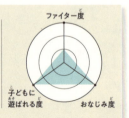

昆虫《こんちゅう》ではない！

エビやカニに近《ちか》い仲《なか》間《ま》です。昆虫《こんちゅう》とはちがい、体《からだ》は頭《あたま》・胸《むね》・腹《はら》・尾《お》の4つに分《わ》かれ、14本《ほん》のあしがあります。

森《もり》のそうじ屋《や》

森《もり》の落《お》ち葉《ば》は、いつの間《ま》にか土《つち》になります。ダンゴムシやミミズが落《お》ち葉《ば》を食《た》べてふんを出《だ》し、さらにそのふんを小《ちい》さな生物《せいぶつ》が食《た》べ、やがて栄養《えいよう》のある土《つち》になるのです。

昆虫《こんちゅう》サッカー

昆虫《こんちゅう》のかくれんぼ

動物《どうぶつ》が周《まわ》りの景色《けしき》やほかの動物《どうぶつ》に似《に》た色《いろ》・形《かたち》をもつことを「擬態《ぎたい》」といいます。

昆虫《こんちゅう》は擬態《ぎたい》の天才《てんさい》。色《いろ》や模様《もよう》や形《かたち》だけでなく、においや動《うご》きまで似《に》せたものもいます。

擬態《ぎたい》には、ナナフシのように枝《えだ》に擬態《ぎたい》して身《み》を隠《かく》すものなどもいますが、危険《きけん》なハチの姿《すがた》に似《に》せて相手《あいて》をこわがらせるものや、ハナカマキリのようにエモノをとらえるためにランの花《はな》に擬態《ぎたい》するものもいます。

たまたま擬態《ぎたい》の上手《じょうず》なものが生《い》き残《のこ》りやすかったことで、その子孫《しそん》が増《ふ》え、より擬態《ぎたい》が上手《じょうず》になるよう進化《しんか》していったと考《かんが》えられています。

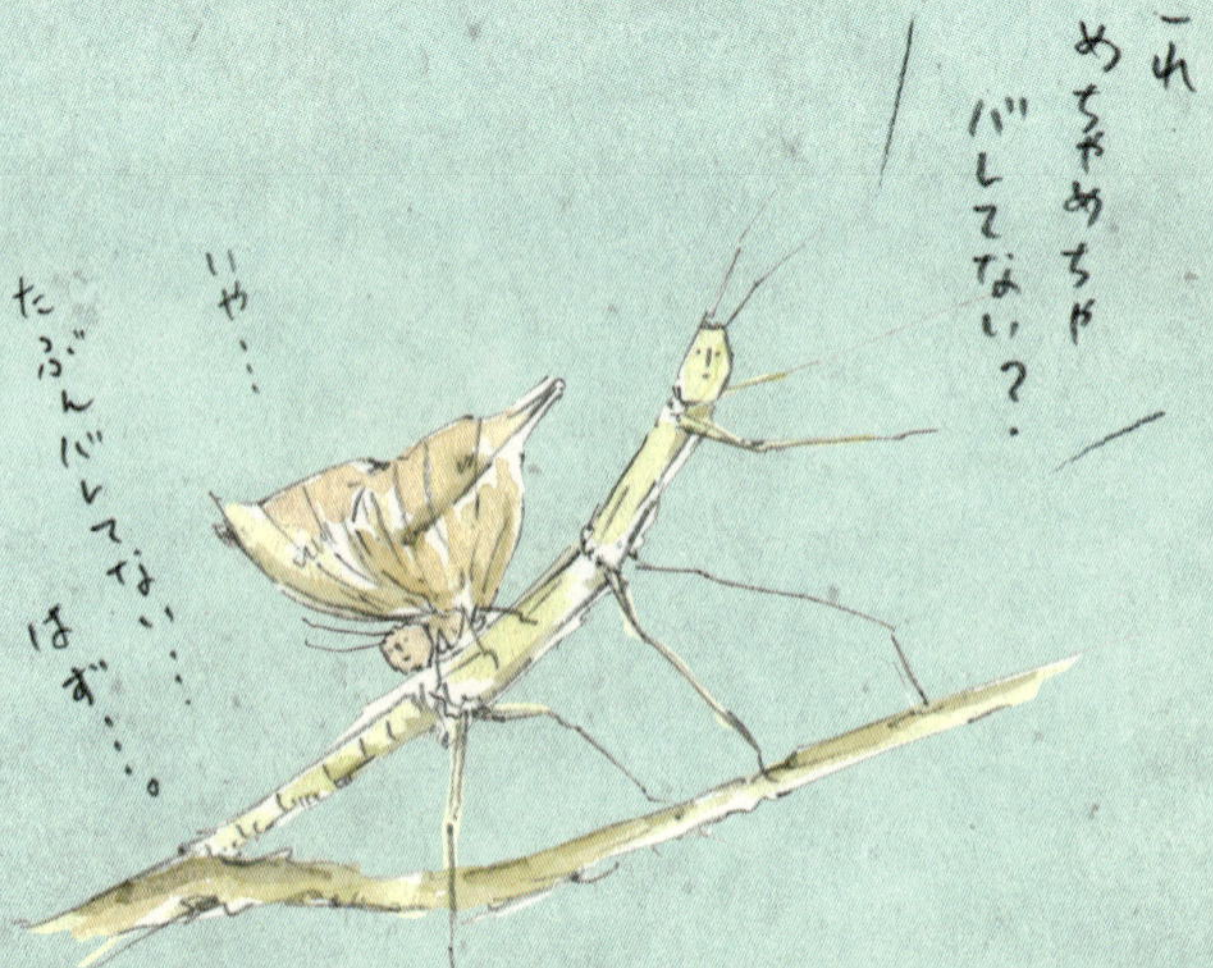
これ
めちゃめちゃ
バレてない？
いや…
たぶんバレてない…
はず…。

第《だい》5章《しょう》

ホタルやタマムシたち

ぴかぴか光《ひか》ったりおならをしたり。
個性《こせい》あふれる甲虫《こうちゅう》たちをご紹介《しょうかい》！

ゆるふわ度 ★★★★

ホタル

ロマンチックな光をお届け！

水辺で光るその姿は夏の風物詩！ ホタルの光は「冷光」と呼ばれ、熱をもたない光。ホタルの仲間は日本に50種ほどいますが、光るホタルは15種類ほどといわれています。

ゲンジボタル

大きさ ▶	15〜20mm
分布 ▶	日本（本州〜九州）
メモ ▶	日本固有の昆虫。幼虫はきれいな川の中で育つ

ぴかぴか度 / ロマンチック度 / 季節感

わたしたちはきれいな水でしか生きられないんだよね…

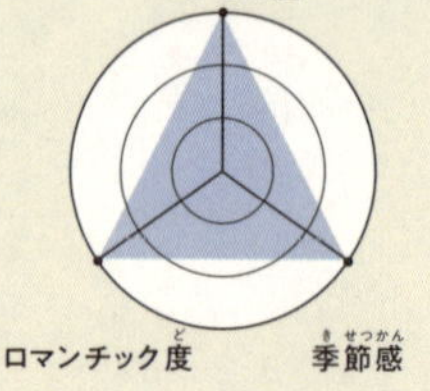

光《ひかり》は愛《あい》のメッセージ

ホタルの光《ひかり》は、オスからメスへの愛《あい》の言葉《ことば》。オスは発光《はっこう》しながら飛《と》び回《まわ》り、光《ひかり》の点滅《てんめつ》でメスへ合図《あいず》を送《おく》ります。メスもオスへ光《ひかり》で了承《りょうしょう》のサインを送《おく》ると交尾《こうび》が始《はじ》まるという、なんともロマンチックなやりとりです。

卵《たまご》も幼虫《ようちゅう》もさなぎも光《ひか》る

ゲンジホタルが光《ひか》るのは成虫《せいちゅう》だけではありません。卵《たまご》も幼虫《ようちゅう》もさなぎも光《ひか》るというから驚《おどろ》きです。成虫《せいちゅう》が光《ひか》るのは交尾《こうび》のためですが、卵《たまご》や幼虫《ようちゅう》、さなぎまで光《ひか》る理由《りゆう》は、いまだなぞに包《つつ》まれたまま。

ホタルの仲間《なかま》たち

オバボタル

ジ
そんなに見《み》られても
あんま光《ひか》らないよ…

大《おお》きさ▶7～12mm
分《ぶん》　布《ぷ》▶日本《にほん》（北海道《ほっかいどう》～九州《きゅうしゅう》）、朝鮮半島《ちょうせんはんとう》

幼虫《ようちゅう》やさなぎの間《あいだ》は弱《よわ》く光《ひか》るが、成虫《せいちゅう》になるとほとんど光《ひか》らなくなる。そのため、光《ひかり》で求愛《きゅうあい》することはせず、においで相手《あいて》を探《さが》す。

ムナキキベニボタル

大《おお》きさ▶約7mm
分《ぶん》　布《ぷ》▶インドネシア

熱帯《ねったい》の森《もり》の中《なか》、1本《ぽん》の大《おお》きな木《き》に多《おお》いときは1万《まん》びきも集《あつ》まる。日没《にちぼつ》から光《ひか》り始《はじ》め、夜明《よあ》けまでいっせいに点滅《てんめつ》をくり返《かえ》し、集団《しゅうだん》で求愛《きゅうあい》し、交尾《こうび》する。このように光《ひか》りかがやく現象《げんしょう》は「ホタルツリー」ともよばれる。

メリークリスマス

きれいな星《ほし》

きれいな星《ほし》……
あの強《つよ》く光《ひか》る星《ほし》はシリウスだね
へー くわしいんだね
昔《むかし》から星《ほし》が好《す》きでさ
あ、すんません。僕《ぼく》ホタルです
!!
……
……

夏《なつ》の夜空《よぞら》にかがやいてるからね
あれはまちがえるよな

ゆるふわ度《ど》★★★★

タマムシ

日本《にほん》を代表《だいひょう》する美《うつく》しい甲虫《こうちゅう》。前《まえ》ばねには金属《きんぞく》のような美《うつく》しいかがやきがあり、工芸品《こうげいひん》にも利用《りよう》されました。幼虫《ようちゅう》はエノキなどの枯《か》れ木《き》、成虫《せいちゅう》は木《き》の葉《は》や芽《め》を食《た》べます。

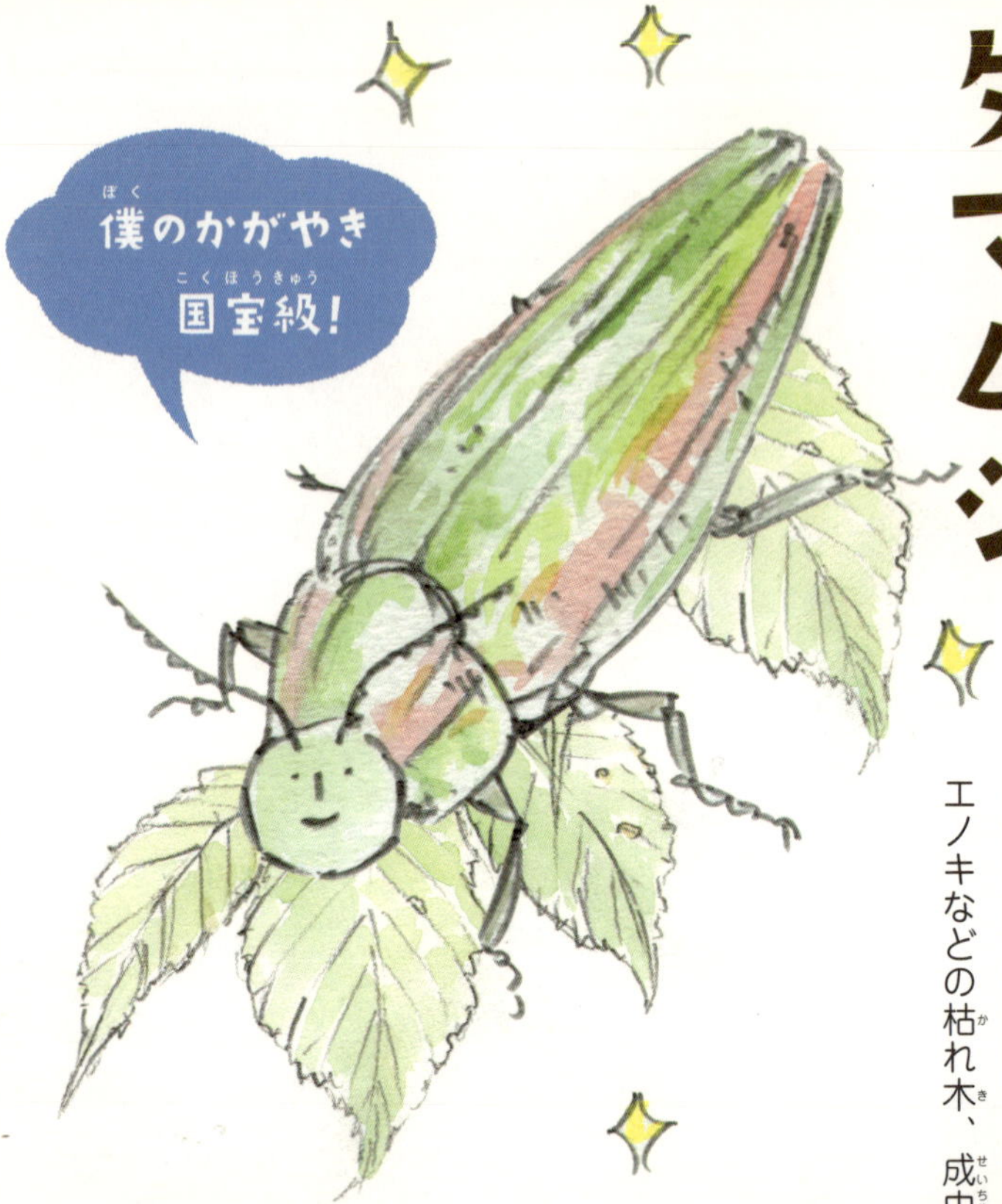
僕《ぼく》のかがやき
国宝級《こくほうきゅう》！

タマムシ

大《おお》きさ ▶ 25～40mm
分《ぶん》布《ぷ》 ▶ 日本《にほん》（本州《ほんしゅう》、四国《しこく》、九州《きゅうしゅう》）
メ　モ ▶ 晴《は》れの日《ひ》には広葉樹《こうようじゅ》の周《まわ》りを飛《と》んでいる姿《すがた》が見《み》られる。ヤマトタマムシともよばれる

ぴかぴかすぎて測定不能《そくていふのう》！
ぴかぴか度《ど》
国宝感《こくほうかん》
季節感《きせつかん》

やっぱ僕《ぼく》ってキレイだわ

死《し》んでなお、かがやく

昆虫《こんちゅう》は死《し》ぬと色素《しきそ》がこわれてしまい、だんだん色《いろ》あせてしまいます。ところが、タマムシのはねは表面《ひょうめん》の微細《びさい》な構造《こうぞう》によって、特定《とくてい》の光《ひかり》を反射《はんしゃ》させたり、干渉《かんしょう》させたりします。いわば「構造《こうぞう》」が「色《いろ》」として見《み》えているため、タマムシは死《し》んでも色《いろ》が変《か》わりません。

丸《まる》くない

?...
タ・タマムシってわりに丸《まる》くはないんだ…

彼《かれ》らのかがやきも見事《みごと》なもんだ！

ゆるふわ度《ど》 ★★★★★

テントウムシ

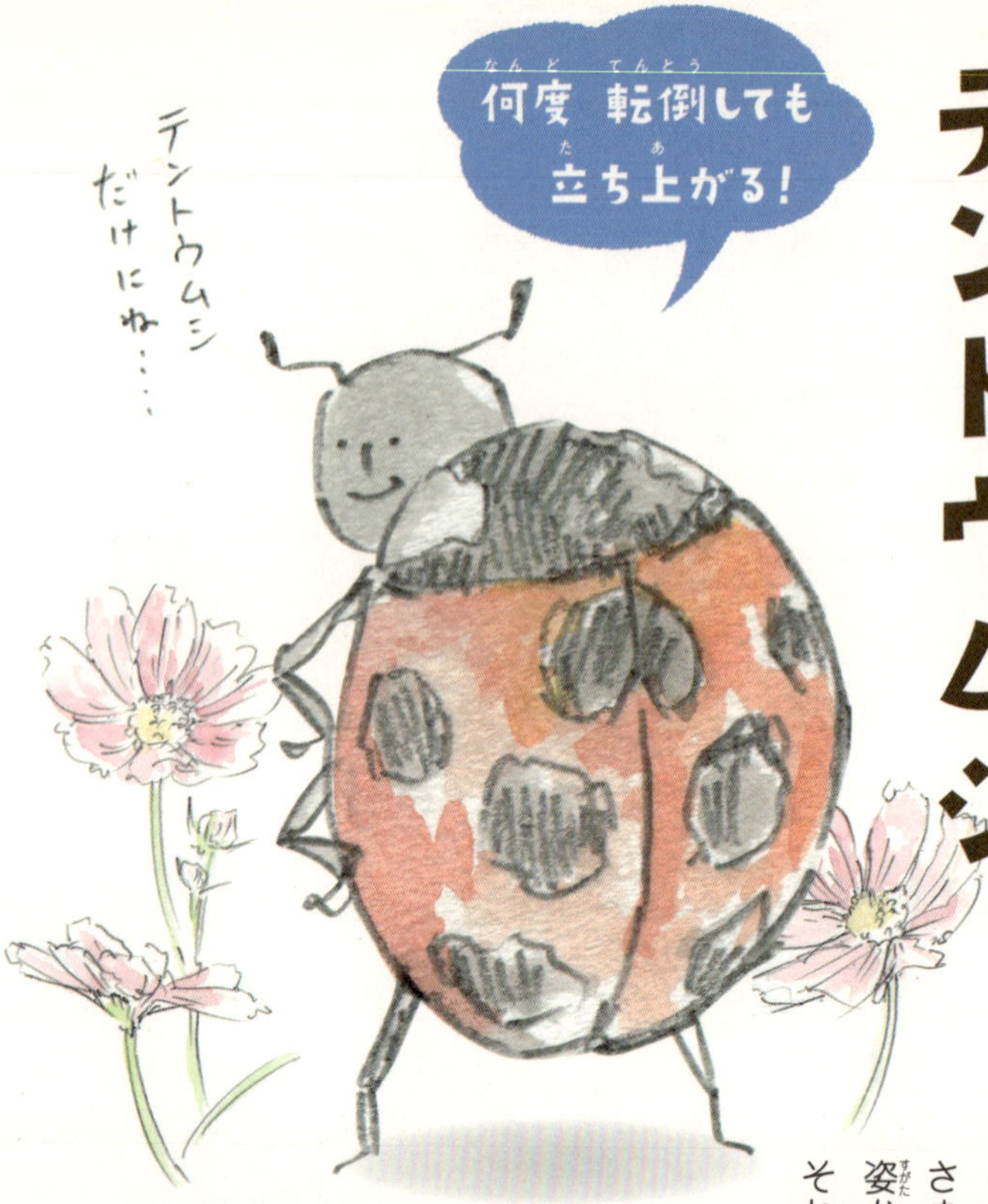
何度《なんど》転倒《てんとう》しても
立《た》ち上《あ》がる！
テントウムシだけにね…

赤《あか》や黄色《きいろ》、黒《くろ》などのカラフルな体《からだ》に、さまざまな模様《もよう》がある甲虫《こうちゅう》。お天道《てんとう》さま（太陽《たいよう》）に向《む》かって飛《と》んでいく姿《すがた》から「天道虫《てんとうむし》」と名づけられた、それだけでポジティブそうなムシ。

ナナホシテントウ

大《おお》きさ ▶ 5～9mm

分《ぶん》　布《ぶ》 ▶ 日本《にほん》（北海道《ほっかいどう》～南西諸島《なんせいしょとう》）、東《ひがし》アジア

メ　モ ▶ 赤《あか》い前《まえ》ばねに黒《くろ》い模様《もよう》が7つあるのが名《な》の由来《ゆらい》

ぴかぴか度《ど》
ハッピー感《かん》
鮮《あざ》やか度《ど》

いいなぁ、名前《なまえ》も色《いろ》も明《あか》るくて。僕《ぼく》なんてゴミムシだよ…

アブラムシとアリとテントウムシの意外《いがい》な関係《かんけい》

アブラムシの天敵《てんてき》はなんといってもテントウムシ。アブラムシは、おしりから甘《あま》い蜜《みつ》を出《だ》してアリにあたえるかわりに、アリにテントウムシを追《お》いはらってもらいます。ギブアンドテイクの関係《かんけい》なのです。

まず〜い汁《しる》を出《だ》す

テントウムシは危険《きけん》を感《かん》じると、黄《き》色《いろ》くて苦《にが》い汁《しる》を出《だ》すので、鳥《とり》に飲《の》み込《こ》まれてもぺっと吐《は》き出《だ》されてしまいます。鳥《とり》はテントウムシがおいしくないことを覚《おぼ》え、襲《おそ》わなくなります。カラフルな姿《すがた》は「食《た》べると、まずいぞ」のアピールです。

テントウムシの冬眠《とうみん》

オレたちクワガタは単独《たんどく》で冬眠《とうみん》するけど、テントウムシたちはみんなで密集《みっしゅう》して冬眠《とうみん》するんだよな

ゾウムシ

ゆるふわ度《ど》 ★★★

オレってホントに
ゾウに似《に》てんの？

甲虫《こうちゅう》の仲間《なかま》で、かたくて頑丈《がんじょう》な体《からだ》が特徴《とくちょう》。口《くち》全体《ぜんたい》が細長《ほそなが》く、ゾウの鼻《はな》のように見《み》えることが名前《なまえ》の由来《ゆらい》。メスはこの長《なが》い口《くち》で、木《き》の実《み》などにあなをあけて産卵《さんらん》します。

コナラシギゾウムシ

大《おお》きさ ▶ 5～10mm
分《ぶん》 布《ぶ》 ▶ 日本《にほん》（北海道《ほっかいどう》～九州《きゅうしゅう》）
メ モ ▶ 野鳥《やちょう》「シギ」のくちばしのように、長《なが》い口《くち》をもっていることが名《な》の由来《ゆらい》。コナラやクヌギに産卵《さんらん》する

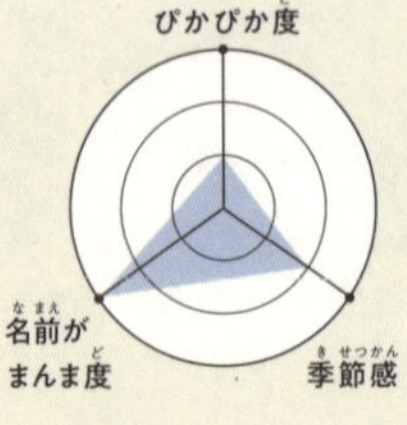

ぴかぴか度《ど》
名前《なまえ》がまんま度《ど》
季節感《きせつかん》

拾《ひろ》ったドングリから君《きみ》の幼虫《ようちゅう》が出《で》てくるんだけど

ラッキー！
うまれた瞬間《しゅんかん》
まわりはごちそう！

ゾウムシの産卵《さんらん》

ゾウムシは種類《しゅるい》によって、それぞれ決《き》まった植物《しょくぶつ》に産《さん》卵《らん》します。敵《てき》から卵《たまご》をかくすことができ、幼虫《ようちゅう》はそのまま植物《しょくぶつ》の内部《ないぶ》を食《た》べて育《そだ》っていきます。一石二鳥《いっせきにちょう》。

ツバキとゾウムシの関係《かんけい》

ツバキシギゾウムシはストローのように長《なが》い口《くち》をもつゾウムシで、ヤブツバキの実《み》に産卵《さんらん》します。ツバキの実《み》は皮《かわ》が厚《あつ》いため、ドリルのようにグルグルと頭《あたま》を回《まわ》しながら、実《み》にあなをあけていきます。

くらえ！ゾウムシドリル！
ギュイイイイ

見ちゃったか、
ホンモノを…

ゾウとの遭遇《そうぐう》

あ…あれが…
ほんとのゾウ…!?

ゆるふわ度《ど》★★★

ゴミムシ

ゴミムシの仲間《なかま》は夜活動《よるかつどう》するものが多《おお》く、地面《じめん》を歩《ある》きまわって、ほかの昆虫《こんちゅう》やミミズなどのエサを探《さが》します。後《うし》ろばねは退化《たいか》していて飛《と》べません。

くらえ
オレの渾身《こんしん》の屁《へ》！

ミイデラゴミムシ

大《おお》きさ ▶ 11～18mm
分《ぶん》　布《ぷ》 ▶ 日本《にほん》（北海道《ほっかいどう》～九州《きゅうしゅう》）、東《ひがし》アジア
メ　モ ▶ 夜行性《やこうせい》で昼間《ひるま》はじめじめした場所《ばしょ》の石《いし》の下《した》などにいる。黒《くろ》っぽい色合《いろあ》いが多《おお》いゴミムシの中《なか》では派手《はで》な色《いろ》をしている

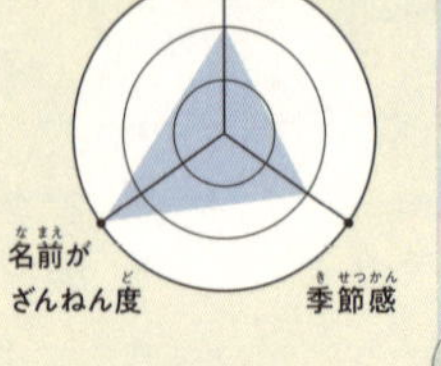

ぴかぴか度《ど》
名前《なまえ》がざんねん度《ど》
季節感《きせつかん》

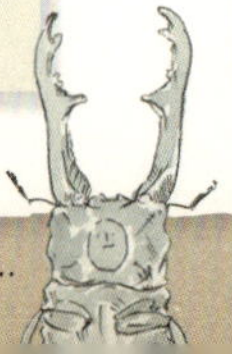

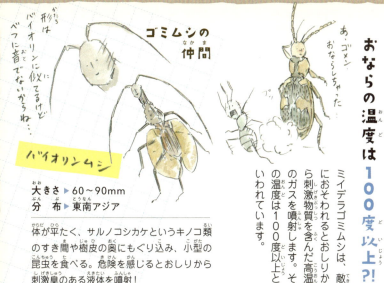

おならの温度《おんど》は100度《ど》以上《いじょう》?!

あ、ゴメン。
おならしちゃった…
プッ

ミイデラゴミムシは、敵《てき》におそわれるとおしりから刺激物質《しげきぶっしつ》を含《ふく》んだ高温《こうおん》のガスを噴射《ふんしゃ》します。その温度《おんど》は１００度《ど》以上《いじょう》といわれています。

ゴミムシの仲間《なかま》

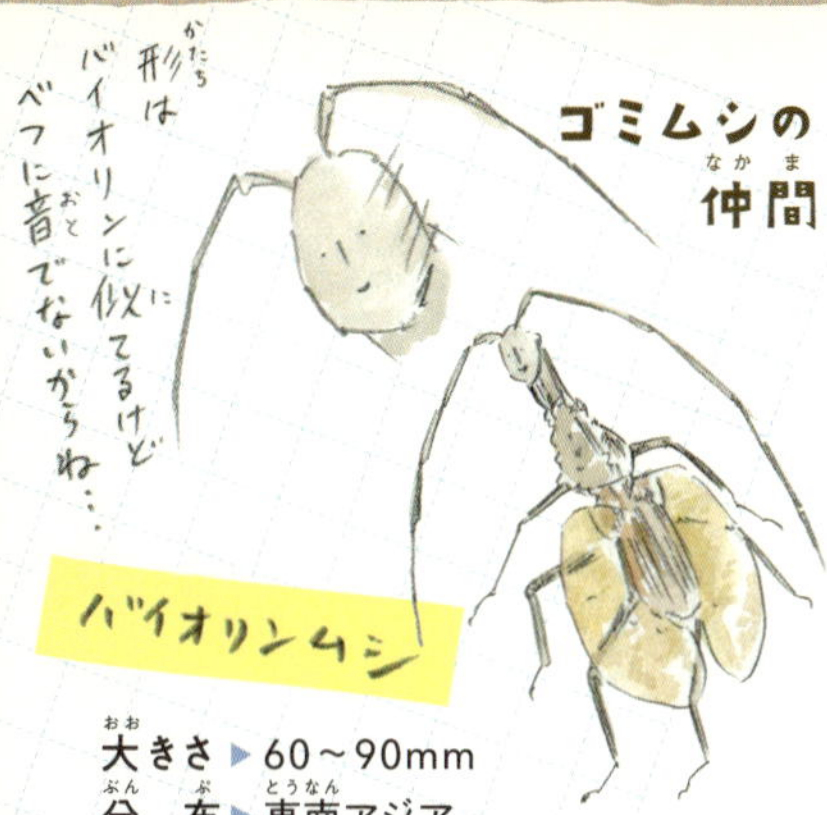

形《かたち》はバイオリンに似《に》てるけどべつに音《おと》でないからね…

バイオリンムシ

大《おお》きさ▶60～90mm
分《ぶん》　布《ぷ》▶東南《とうなん》アジア

体《からだ》が平《ひら》たく、サルノコシカケというキノコ類《るい》のすき間《ま》や樹皮《じゅひ》の奥《おく》にもぐり込《こ》み、小型《こがた》の昆虫《こんちゅう》を食《た》べる。危険《きけん》を感《かん》じるとおしりから刺激臭《しげきしゅう》のある液体《えきたい》を噴射《ふんしゃ》！

ゴミムシの苦労《くろう》

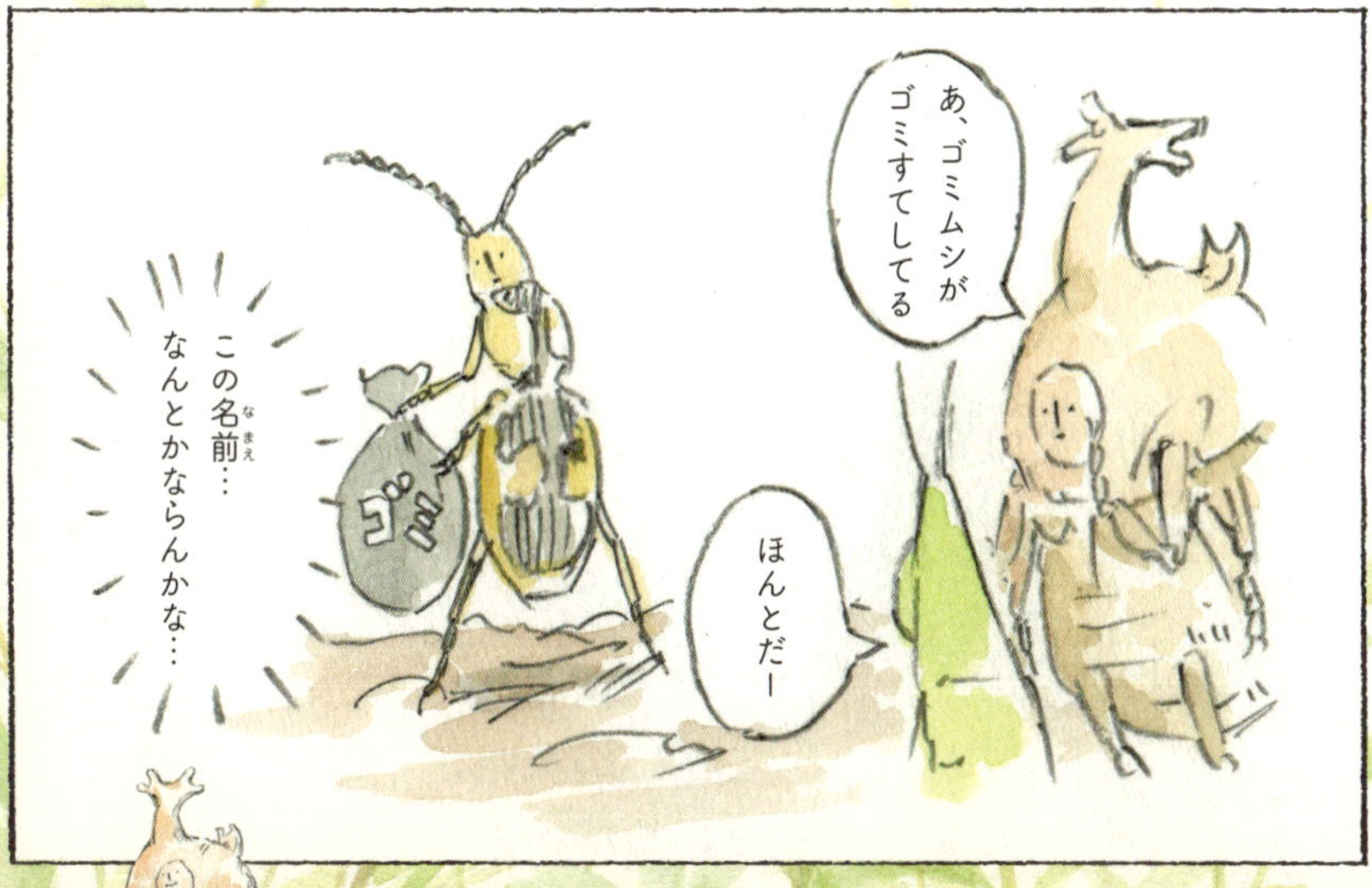

あ、ゴミムシがゴミすてしてる
ほんとだー
この名前《なまえ》…なんとかならんかな…
ゴミ

ほかにもおもしろい名前《なまえ》の昆虫《こんちゅう》がたくさんいるよ！

ゆるふわ度《ど》★★

ゲンゴロウ

ゲンゴロウは水中《すいちゅう》でくらす肉食《にくしょく》の昆虫《こんちゅう》です。体型《たいけい》は水《みず》の抵《てい》抗《こう》を少《すく》なくするために流線形《りゅうせんけい》をしていて、ブラシのような毛《け》が生《は》えた後《うし》ろ足《あし》をオールのように動《うご》かして泳《およ》ぎます。

こんにちは、
わたしは昆虫潜水艦《こんちゅうせんすいかん》!

大《おお》きさ ▶ 36～39mm

分《ぶん》　布《ぶ》 ▶ 日本《にほん》（北海道《ほっかいどう》～九州《きゅうしゅう》）、東《ひがし》アジア、東《ひがし》シベリア

メ　モ ▶ さなぎになるときは、田《た》のあぜなど土《つち》の中《なか》に入《はい》る。水辺環境《みずべかんきょう》の悪化《あっか》で減少《げんしょう》、絶滅《ぜつめつ》が心配《しんぱい》されている

ゲンゴロウ
ぴかぴか度《ど》
泳《およ》ぎがうまい度《ど》
季節感《きせつかん》

僕《ぼく》もスイスイ泳《およ》いでみたい!

麻酔《ますい》をあやつる幼虫《ようちゅう》たち

幼虫《ようちゅう》は動《うご》くものに敏感《びんかん》に反応《はんのう》し、生《い》きたエモノが近《ちか》づくと大《おお》あごですばやくかみつきます。そのときに麻痺《まひ》させる毒《どく》を送《おく》り込《こ》み、相手《あいて》の動《うご》きを封《ふう》じます。最後《さいご》に消化《しょうか》液《えき》を注入《ちゅうにゅう》し、とかした体液《たいえき》を吸《す》い取《と》ります。

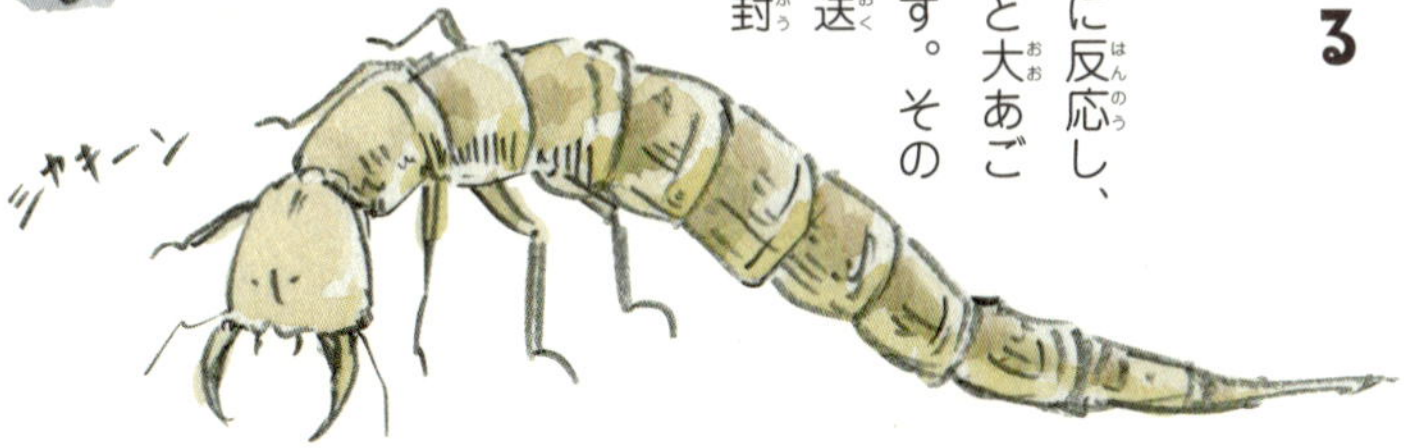

呼吸《こきゅう》や泳《およ》ぎ方《かた》が独特《どくとく》

ゲンゴロウは前《まえ》ばねの下《した》に空気《くうき》をたくわえ、腹部《ふくぶ》にある気門《きもん》で呼吸《こきゅう》をしています。その様子《ようす》は酸素《さんそ》ボンベを背《せ》負《お》ったダイバーのよう。酸素《さんそ》がなくなると、腹部《ふくぶ》の先《さき》を水上《すいじょう》に出《だ》して、空気交換《くうきこうかん》をします。毛《け》の生《は》えた後《うし》ろあしをオールのように動《うご》かしてすばやく泳《およ》ぐ姿《すがた》が独特《どくとく》です。

ゲンゴロウの仲間《なかま》たち

ガムシ

大《おお》きさ▶33～40mm
分《ぶん》布《ぷ》▶日本《にほん》（北海道《ほっかいどう》～九州《きゅうしゅう》）、朝鮮半島《ちょうせんはんとう》

水田《すいでん》や植物《しょくぶつ》の多《おお》い池《いけ》やぬまにすむ。幼虫《ようちゅう》は小《ちい》さな巻貝《まきがい》を食《た》べて成長《せいちょう》する。成虫《せいちゅう》は雑食《ざっしょく》で落《お》ち葉《ば》や水草《みずくさ》などを食《た》べる。泳《およ》ぎがあまり得意《とくい》ではなく、水草《みずくさ》などにつかまって生活《せいかつ》している。

オスとメスで前《まえ》あしがちがう

ゲンゴロウのオスは、前《まえ》あしでメスにしっかりしがみつき、水中《すいちゅう》で交尾《こうび》する。そのため、オスの前《まえ》あしには吸盤《きゅうばん》がついていて、すべりにくくなっている。

コオロギとゲンゴロウの息止《いきど》め対決《たいけつ》

いちばん 繁栄《はんえい》しているのは甲虫《こうちゅう》

甲虫《こうちゅう》は、地上《ちじょう》の生《い》きもののなかで最《もっと》も繁栄《はんえい》している最《さい》強《きょう》グループです。

鎧《よろい》のようなかたい前《まえ》ばねで、やわらかい腹部《ふくぶ》や薄《うす》い後《うし》ろばねを守《まも》っています。飛《と》ぶときは前《まえ》ばねを上《あ》げて、後《うじ》ろばねだけではばたくため、飛《と》ぶのは苦手《にがて》。

その代《か》わり、捕食者《ほしょくしゃ》から身《み》を守《まも》ることができ、土《つち》の中《なか》や樹皮《じゅひ》の間《あいだ》に潜《もく》ってもキズつきにくくなりました。また、はねの内側《うちがわ》に空気《くうき》をためて水中《すいちゅう》でくらす種《しゅ》も現《あらわ》れました。甲虫《こうちゅう》はかたいよろいのような前《まえ》ばねを得《え》たことにより、さまざまな環境《かんきょう》へと進出《しんしゅつ》し、多様《たよう》な種《しゅ》を生《う》み出《だ》すことにより繁栄《はんえい》してきたのです。

私《わたし》たち哺乳類《ほにゅうるい》は5000種《しゅ》ほどしか記録《きろく》されていないのに対《たい》して、昆虫全体《こんちゅうぜんたい》はなんと約《やく》100万種《まんしゅ》、そのうち甲《こう》虫類《ちゅうるい》は約《やく》37万種《まんしゅ》。そう、この星《ほし》は、まさに昆虫天国《こんちゅうてんごく》。彼《かれ》らは今日《きょう》も、わたしたちのすぐそばで、ふしぎとかがやきに満《み》ちた世界《せかい》を生《い》きているのです。

第《だい》6章《しょう》

セミやカメムシたち

まだまだいます！
なんだか気《き》になるキャラ濃《こ》い
彼《かれ》らの日常《にちじょう》をのぞき見《み》！

ゆるふわ度《ど》★★★★

セミ

うるさいって言《い》わないで。
これは純愛《じゅんあい》

夏《なつ》といえばセミの鳴《な》き声《ごえ》。腹部《ふくぶ》の発音器官《はつおんきかん》を使《つか》い、大声《おおごえ》で鳴《な》きます。ただし、メスを呼《よ》ぶためにオスだけが鳴《な》きます。「セミの命《いのち》は短《みじか》い」と思《おも》われがちですが、幼虫《ようちゅう》の期間《きかん》が長《なが》く、昆虫界《こんちゅうかい》の中《なか》ではかなりのご長寿《ちょうじゅ》。

アブラゼミ

大《おお》きさ ▶ 36～38mm
分布《ぶんぷ》 ▶ 日本《にほん》（北海道《ほっかいどう》～九州《きゅうしゅう》）、朝鮮半島《ちょうせんはんとう》、中国《ちゅうごく》
メモ ▶ 卵《たまご》の期間《きかん》は約《やく》300日《にち》、幼虫期《ようちゅうき》は2～5年《ねん》、成虫《せいちゅう》は1～2週間《しゅうかん》の命《いのち》

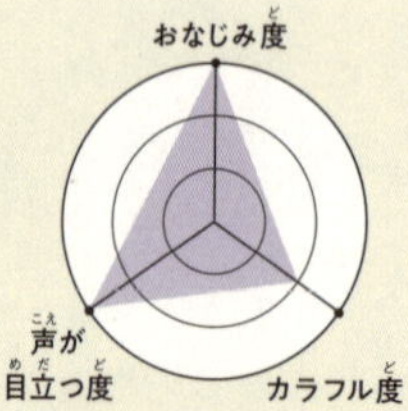

おなじみ度《ど》
声《こえ》が目立《めだ》つ度《ど》
カラフル度《ど》

君《きみ》が鳴《な》かないと夏《なつ》って感《かん》じがしないぜ

鳴《な》く時《じ》期《き》や時《じ》間《かん》をずらす

セミは種類《しゅるい》によって、成虫《せいちゅう》が現《あらわ》れる時《じ》期《き》や鳴《な》く時《じ》間《かん》帯《たい》、鳴《な》き声《ごえ》がちがっています。種類《しゅるい》によって鳴《な》き分《わ》けることで、同《おな》じ種類《しゅるい》のメスと出《で》会《あ》いやすくなるからだと考《かんが》えられています。

おしっこの秘《ひ》密《みつ》

セミは針《はり》のような口先《くちさき》を木《き》につきさして樹液《じゅえき》を吸《す》います。樹液《じゅえき》には水分《すいぶん》が多《おお》くふくまれているため、栄養素《えいようそ》だけを体《からだ》に取《と》り込《こ》み、大量《たいりょう》の水分《すいぶん》をおしっことして出《だ》すのです。

セミの仲間《なかま》たち

ジュウシチネンゼミ

大《おお》きさ ▶ 約《やく》30mm
分《ぶん》 布《ぷ》 ▶ 北《きた》アメリカ

幼虫《ようちゅう》は17年間《ねんかん》かけて地中《ちちゅう》で育《そだ》ち、いっせいに成虫《せいちゅう》になる。樹木全体《じゅもくぜんたい》がセミでうめつくされ街《まち》には「ジ～」というさわがしい鳴《な》き声《ごえ》があふれ、会話《かいわ》もままならない。13年《ねん》ごとに成虫《せいちゅう》になるジュウサンネンゼミもいる。

セミの鳴《な》き声表《ごえひょう》

名前《なまえ》	鳴《な》く時期《じき》	鳴《な》く時間帯《じかんたい》	鳴《な》き声《ごえ》
ハルゼミ	4～6月《がつ》ごろ	晴《は》れた日《ひ》の昼間《ひるま》	ギーギー…
ヒグラシ	6～9月《がつ》ごろ	明《あ》け方《がた》・夕方《ゆうがた》	カナカナカナ…
ニイニイゼミ	6～9月《がつ》ごろ	明《あ》け方《がた》～夕方《ゆうがた》	チー…
クマゼミ	7～9月《がつ》ごろ	明《あ》け方《がた》～昼《ひる》	シャーシャー…
アブラゼミ	7～9月《がつ》ごろ	午後《ごご》	ジージリジリ…
ミンミンゼミ	7～10月《がつ》ごろ	午前《ごぜん》～午後《ごご》	ミーンミンミン…
ツクツクボウシ	7～10月《がつ》ごろ	午後《ごご》	オーシツクツク…
チッチゼミ	7～10月《がつ》ごろ	午後《ごご》	チッチッチッ…

どっちの鳴《な》き声《ごえ》？

ちょっと　おまえ　あっちで鳴《な》けよ
ミーン
ミーン
ミーン
ミーン
ミーン
ミーン
きみが場所《ばしょ》変《か》えてよー
すてきな鳴《な》き声《ごえ》が聞《き》こえたんですが、どなたでしょうか？
絶対《ぜったい》に僕《ぼく》です

青春《せいしゅん》だねえ

ゆるふわ度《ど》★★

タガメ

水中《すいちゅう》で生活《せいかつ》をするタガメは、セミやカメムシなどと同《おな》じグループ。水田《すいでん》や池《いけ》などにすんでいますが、農薬《のうやく》の使用《しよう》や水《みず》の汚《よご》れなどで数《かず》が減《へ》り、絶滅《ぜつめつ》が心《しん》配《ぱい》されています。

タガメ

大《おお》きさ ▶ 48～65mm

分《ぶん》　布《ぷ》 ▶ 日本《にほん》（本州《ほんしゅう》、四国《しこく》、九州《きゅうしゅう》、南西諸島《なんせいしょとう》）、東《ひがし》アジア

メ　モ ▶「田《た》のカメムシ」だから「タガメ」。日本《にほん》の水生昆虫《すいせいこんちゅう》の中《なか》では最大《さいだい》

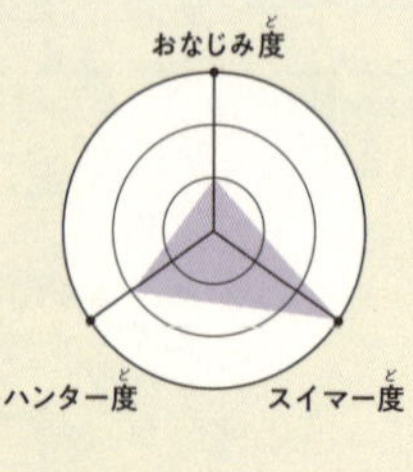

強《つよ》そうだけど、絶滅危惧種《ぜつめつきぐしゅ》なんだね…

エモノをとかして食《た》べる⁉

ちょ…ちょっと
デカイが……
あいつがエモノだ!!

タガメは魚《さかな》やカエルなど、自分《じぶん》より大《おお》きいエモノも襲《おそ》って食《た》べる果敢《かかん》なムシ。一見《いっけん》命《いのち》知《し》らずに見《み》えますが、カマのような前《まえ》あしでエモノをとらえ、針《はり》のような細長《ほそなが》い口《くち》をつきさして消化液《しょうかえき》を流《なが》し込《こ》み、体《からだ》の内部《ないぶ》をとかして吸《す》い取《と》ります。

イクメンな一面《いちめん》も

タガメの卵《たまご》は水面《すいめん》から出《で》た植物《しょくぶつ》の茎《くき》や杭《くい》などに産《う》みつけられます。世話《せわ》はオスの役目《やくめ》。水《みず》をかけて乾燥《かんそう》を防《ふせ》いだり、おおいかぶさり外敵《がいてき》や直射日光《ちょくしゃにっこう》から卵《たまご》を守《まも》ります。孵化《ふか》して幼虫《ようちゅう》が水面《すいめん》に落下《らっか》してからも、オスはその場《ば》を離《はな》れません。しばらくは魚《さかな》などの外敵《がいてき》を威嚇《いかく》してわが子《こ》を守《まも》る、かっこいいイクメンパパなのです。

父《ちち》が
子《こ》供《ども》をまもるのは
あたりまえだぜ!

タガメの仲間《なかま》たち

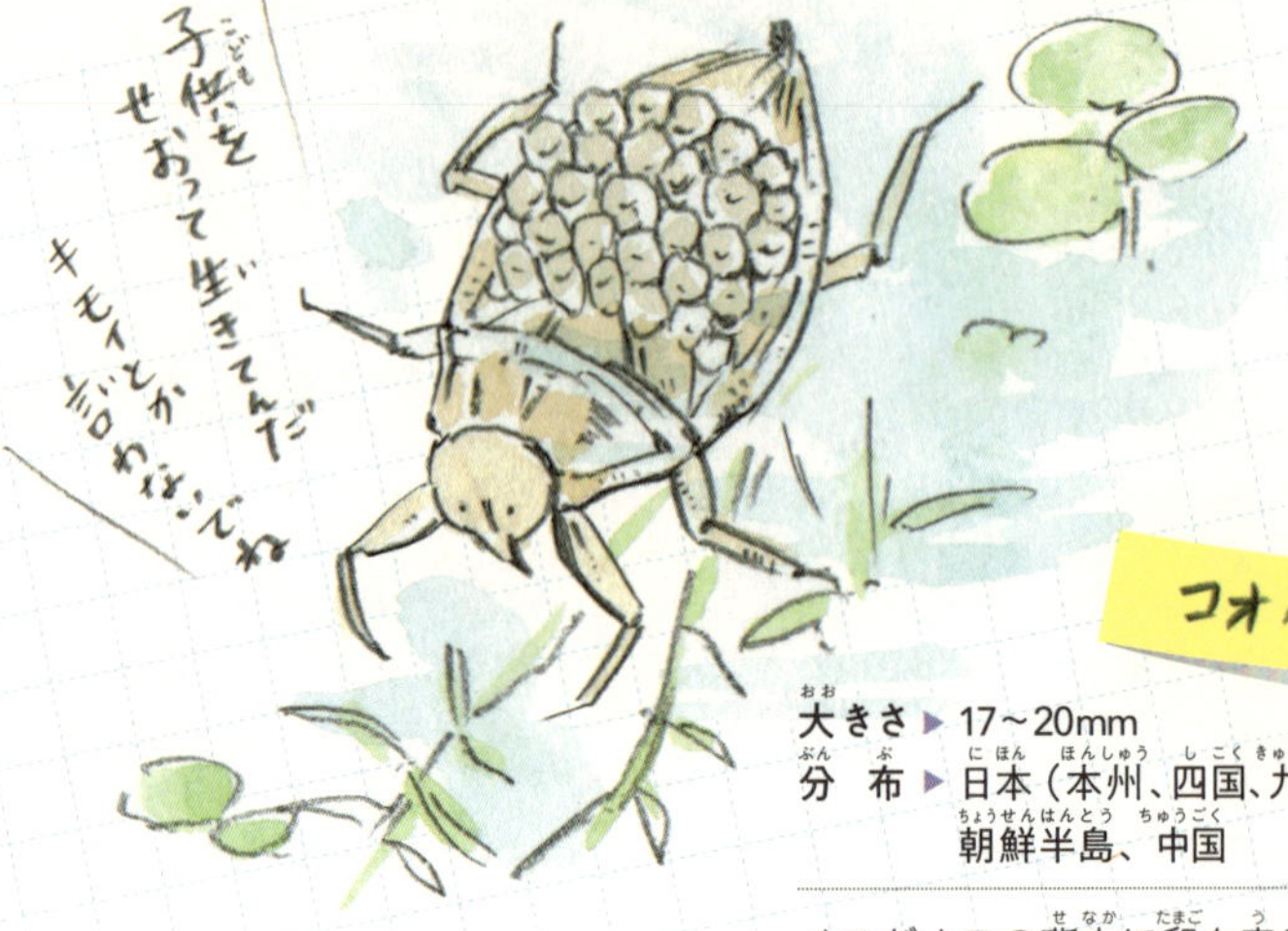
子供《こども》をせおって生《い》きてんだ
キモイとか言わないでね

コオイムシ

大《おお》きさ ▶ 17～20mm
分《ぶん》 布《ぷ》 ▶ 日本《にほん》（本州《ほんしゅう》、四国《しこく》、九州《きゅうしゅう》）、朝鮮半島《ちょうせんはんとう》、中国《ちゅうごく》

メスがオスの背中《せなか》に卵《たまご》を産《う》みつけ、オスが卵《たまご》の世話《せわ》をする。子《こ》を背負《せお》っているように見《み》えることが名《な》の由来《ゆらい》。

ミズカマキリ

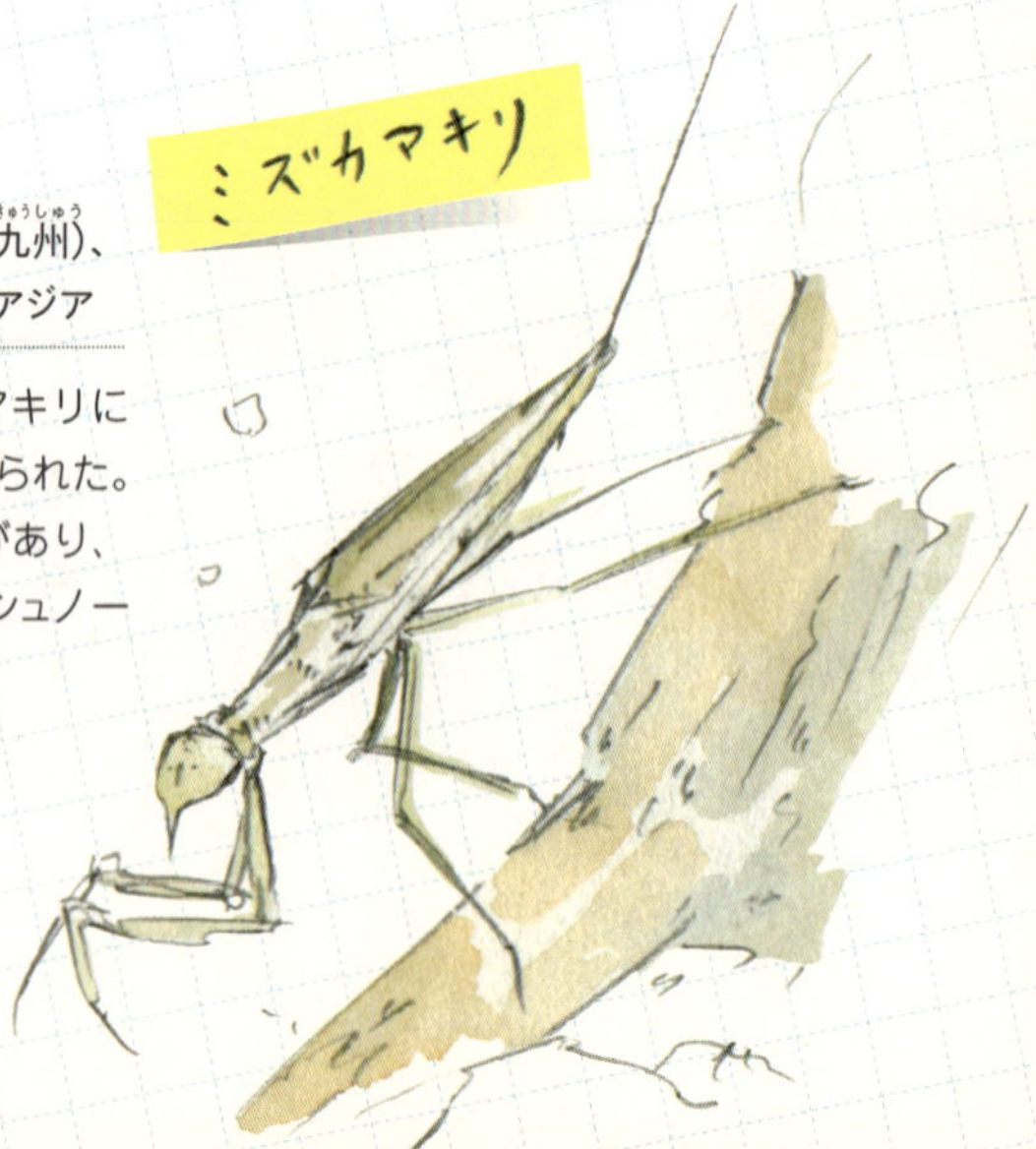

大《おお》きさ ▶ 40～45mm
分《ぶん》 布《ぷ》 ▶ 日本《にほん》（北海道《ほっかいどう》～九州《きゅうしゅう》）、東《ひがし》アジア、東南《とうなん》アジア

体型《たいけい》や前《まえ》あしの形《かたち》がカマキリに似《に》ていることから名《な》づけられた。細長《ほそなが》い腹《はら》の先《さき》に長《なが》い管《くだ》があり、それを水面《すいめん》から出《だ》して、シュノーケルのように呼吸《こきゅう》する。

タガメとミズカマキリ

たまにはあっちに行《い》ってみよーぜ
いーよー
おーここは水草《みずくさ》が多《おお》いね
あっちょっと待《ま》って
ちょっと水質《すいしつ》悪《わる》いから帰《かえ》るや
意外《いがい》とデリケートだな…
ミズカマキリはけっこう丈夫《じょうぶ》なんだよね

ゆるふわ度《ど》 ★★★★

アメンボ

表面張力《ひょうめんちょうりょく》を利用《りよう》して、水面《すいめん》をすべるように移動《いどう》するアメンボ。細長《ほそなが》い棒《ぼう》のような体《からだ》に、非常《ひじょう》に長《なが》い中《なか》あしと後《うし》ろあしをもつ。口先《くちさき》をエモノにさして、体液《たいえき》を吸《す》います。

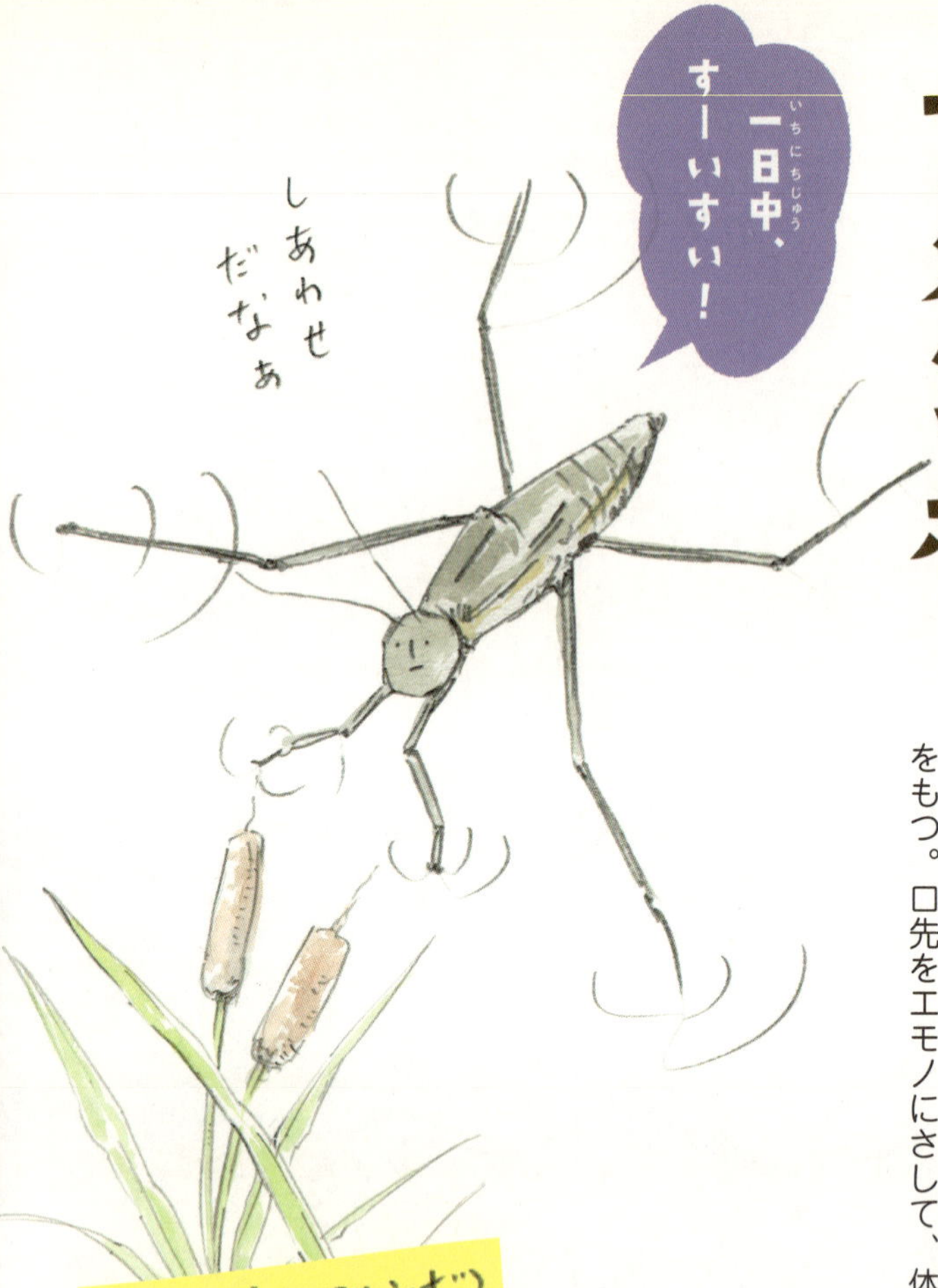

一日中《いちにちじゅう》、すーいすい!
しあわせだなぁ

アメンボ(ナミアメンボ)

大《おお》きさ ▶ 11～16mm
分　布《ぶんぷ》 ▶ 日本《にほん》(北海道《ほっかいどう》～九州《きゅうしゅう》、南西諸島《なんせいしょとう》)、東《ひがし》アジア
メ　モ ▶ 池《いけ》や沼《ぬま》、小川《おがわ》などで、よく見《み》られる。エサが少《すく》なくなると、飛《と》んで新天地《しんてんち》へ

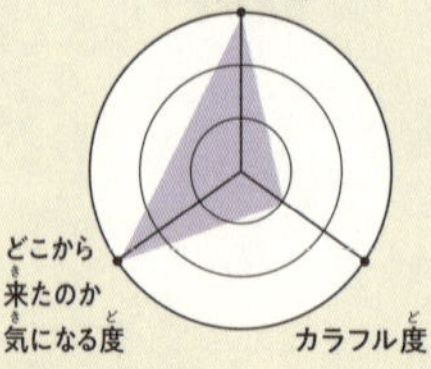

おなじみ度《ど》
どこから来《き》たのか気《き》になる度
カラフル度《ど》

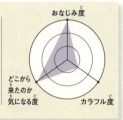

「アメ」んぼう?

名《な》の由来《ゆらい》は、つかまえると、「アメ」のような甘《あま》いにおいを出《だ》すこと、「棒《ぼう》」のように細長《ほそなが》い体型《たいけい》に由来《ゆらい》しています。体《からだ》からにおいを出《だ》す器官《きかん》があり、刺激《しげき》を受《う》けると、におい物質《ぶっしつ》を出《だ》します。

すごいぞそのあし!

アメンボたちは、あし先《さき》の毛《け》がものすごく敏感《びんかん》。その毛《け》で水面《すいめん》に落《お》ちた昆虫《こんちゅう》を感知《かんち》し、集《あつ》まります。また、オスはあしを使《つか》って自《みずか》ら波《なみ》を起《お》こし、縄張《なわば》りの主張《しゅちょう》や求愛信号《きゅうあいしんごう》に用《もち》いています。

アメンボの仲間《なかま》たち

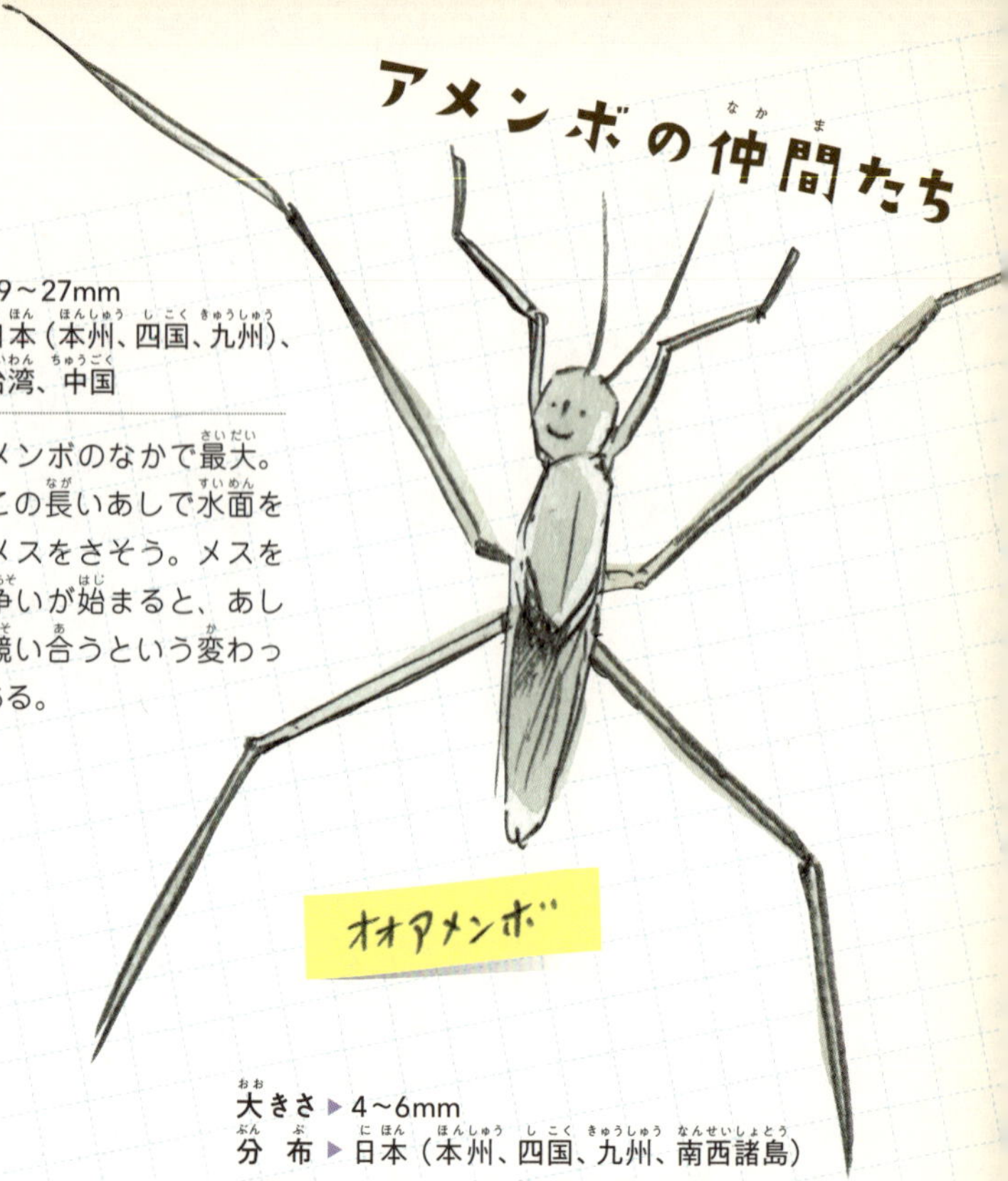

大《おお》きさ ▶ 19～27mm
分《ぶん》　布《ぷ》 ▶ 日本《にほん》（本州《ほんしゅう》、四国《しこく》、九州《きゅうしゅう》）、台湾《たいわん》、中国《ちゅうごく》

日本《にほん》のアメンボのなかで最大《さいだい》。オスは、この長《なが》いあしで水面《すいめん》をゆらしてメスをさそう。メスをめぐって争《あらそ》いが始《はじ》まると、あしの長《なが》さを競《きそ》い合《あ》うという変《か》わった習性《しゅうせい》がある。

大《おお》きさ ▶ 4～6mm
分《ぶん》　布《ぷ》 ▶ 日本《にほん》（本州《ほんしゅう》、四国《しこく》、九州《きゅうしゅう》、南西諸島《なんせいしょとう》）

大海原《おおうなばら》でくらし、海面《かいめん》に落《お》ちた昆虫《こんちゅう》や小動《しょうどう》物《ぶつ》などの体液《たいえき》を吸《す》う。体《からだ》は卵型《たまごがた》で銀毛《ぎんもう》におおわれている。沿岸域《えんがんいき》に生息《せいそく》する昆虫《こんちゅう》はいくつかいるが、外洋《がいよう》にすむのはウミアメンボの仲間《なかま》だけだといわれている。

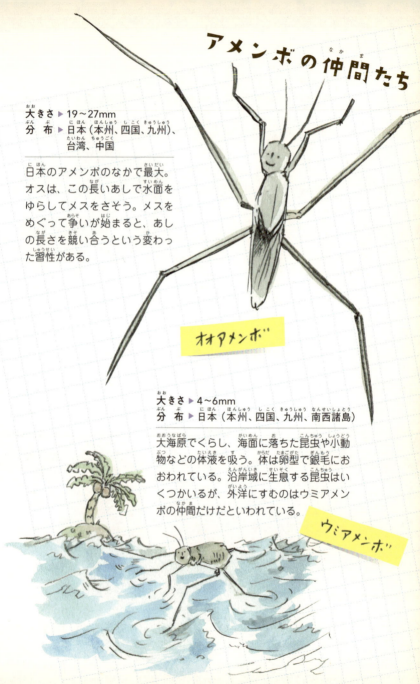

だれだってまちがいはある、うんうん

感知《かんち》でかんちがい？

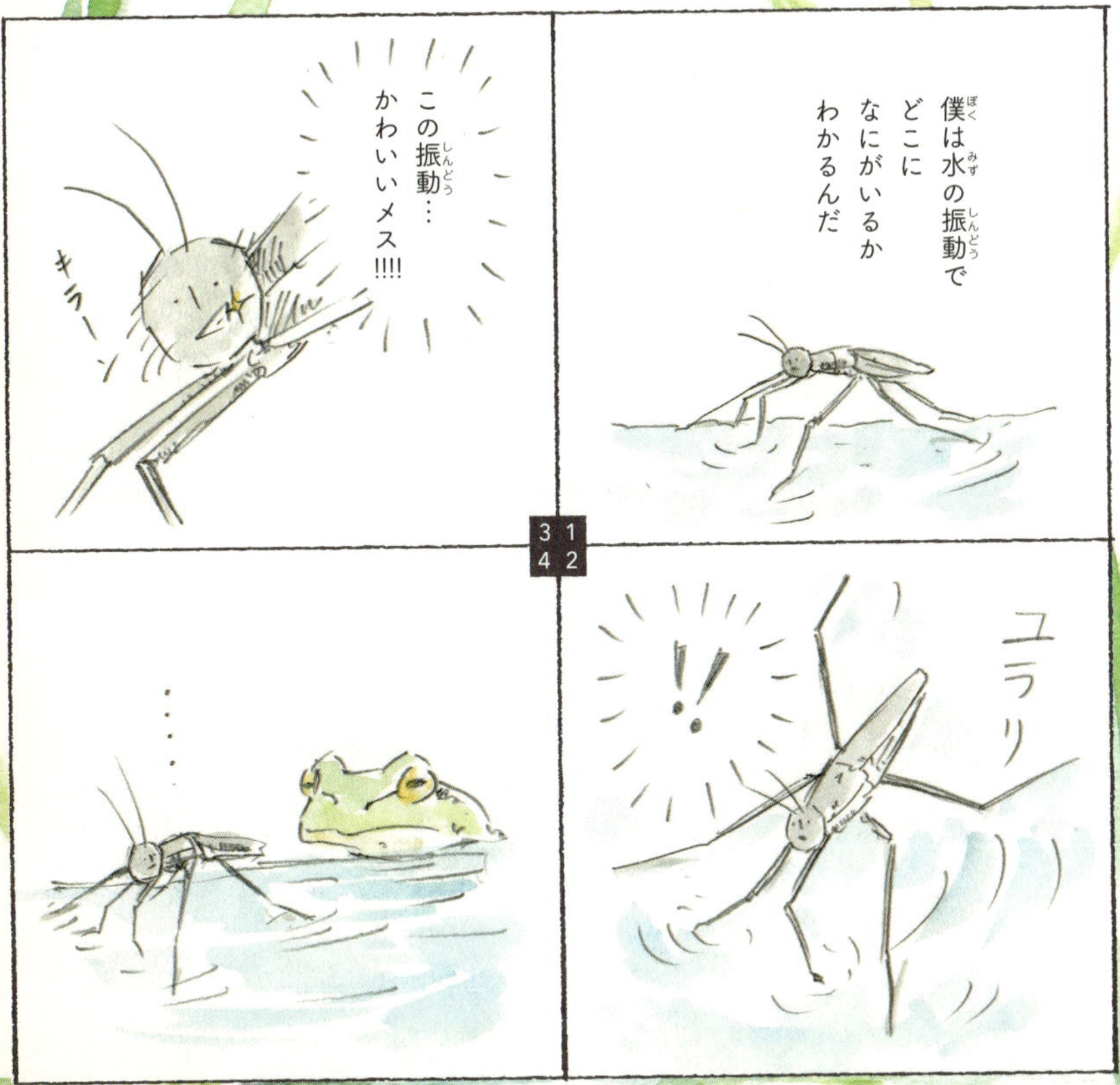

水辺《みずべ》で生《い》きのびろ！

幼虫《ようちゅう》・さなぎ・成虫《せいちゅう》のいずれかのステージで水中生活《すいちゅうせいかつ》を送《おく》る昆虫《こんちゅう》のことを「水生昆虫《すいせいこんちゅう》」といいます。幼虫《ようちゅう》・成虫《せいちゅう》の期間《きかん》を水中《すいちゅう》で生《い》きるゲンゴロウや、幼虫《ようちゅう》の期間《きかん》だけ水中《すいちゅう》で過《す》ごすトンボ、水面《すいめん》でくらすアメンボなどさまざま。

ゲンゴロウは、はねと腹《はら》の間《あいだ》に空気《くうき》をため、タガメやタイコウチ、ミズカマキリなどは、腹部《ふくぶ》の先《さき》にある呼吸管《こきゅうかん》を水面《すいめん》に出《だ》して空気《くうき》を取《と》り込《こ》みます。

ヤゴは肛門《こうもん》から水《みず》を吸《す》い取《と》り、腸内《ちょうない》のエラを使《つか》って水《すい》中《ちゅう》の酸素《さんそ》を取《と》り込《こ》んでから、水《みず》と二酸化炭素《にさんかたんそ》を吐《は》き出《だ》すという方法《ほうほう》で呼吸《こきゅう》をしています。

さまざまな進化《しんか》をして水中《すいちゅう》で生《い》きられるようになった水《すい》生昆虫《せいこんちゅう》ですが、水辺環境《みずべかんきょう》の減少《げんしょう》、農薬《のうやく》の使用《しよう》や水《みず》の汚《よご》れ、外来生物《がいらいせいぶつ》の影響《えいきょう》などで数《かず》が減《へ》っているものもいます。

第《だい》7章《しょう》

カやハエたち

嫌《きら》われものも、
じつはとってもおもしろい！

ゆるふわ度《ど》★★★★

ハエ

こう見《み》えて僕《ぼく》だってすごいんです。
ゴシ
ゴシ

飛翔能力《ひしょうのうりょく》がかなり高《たか》い。2枚《まい》のはねをもち、後《うし》ろばねは小《ちい》さくなって、「平均棍《へいきんこん》」と呼《よ》ばれる棒状《ぼうじょう》の器官《きかん》になりました。飛行中《ひこうちゅう》は、はねの動《うご》きと連動《れんどう》して上下運動《じょうげうんどう》をおこなって体《からだ》のバランスをとり、飛行《ひこう》を安定《あんてい》させます。

イエバエ

大《おお》きさ ▶ 6～8mm
分《ぶん》　布《ぷ》 ▶ 日本《にほん》（北海道《ほっかいどう》～南西諸島《なんせいしょとう》）、世界各国《せかいかっこく》
メ　モ ▶ 人家周辺《じんかしゅうへん》にすみ、幼虫《ようちゅう》はゴミや家畜《かちく》のふんなどで生《う》まれるものが多《おお》い

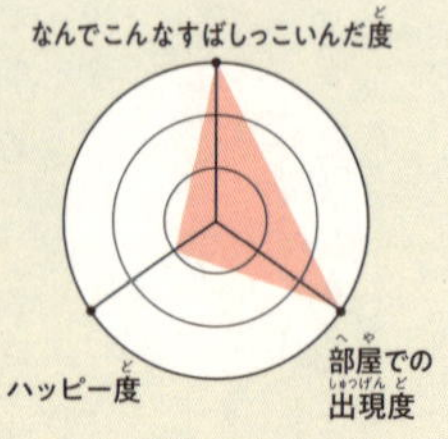
なんでこんなすばしっこいんだ度《ど》
部屋《へや》での出現度《しゅつげんど》
ハッピー度《ど》

200分《ぶん》の1秒《びょう》で急旋回《きゅうせんかい》！

ハエの羽《は》ばたきはなんと1秒間《びょうかん》に200回《かい》。危険《きけん》を感《かん》じると1回《かい》の羽《は》ばたきで急旋回《きゅうせんかい》して方向《ほうこう》を変《か》えます。さらに動《うご》くものを見《み》る能力《のうりょく》が高《たか》いので、つかまえようとしても素早《すばや》く逃《に》げられてしまうのです。あなたの攻撃《こうげき》もたやすくかわします。

ハエのごしごし

僕《ぼく》らハエの手《て》は味《あじ》やにおいも感《かん》じるデリケートな場所《ばしょ》なんだ

カ

ゆるふわ度《ど》★★★

いつも君《きみ》のすぐそばに！
プーーン

「ぷ～ん」という羽音《はおと》と、さされるとかゆくなることから、夏《なつ》の厄介者《やっかいもの》として有名《ゆうめい》。卵《たまご》は水面《すいめん》に産《う》み落《お》とされ、ボウフラと呼《よ》ばれる幼虫《ようちゅう》は水中《すいちゅう》で育《そだ》ちます。

アカイエカ

大《おお》きさ▶約《やく》5mm

分《ぶん》　布《ぷ》▶日本《にほん》（北海道《ほっかいどう》～九州《きゅうしゅう》、南《なん》西諸島《せいしょとう》）

メ　モ▶もっともよく見《み》られる赤《せき》褐色《かっしょく》のカ。いつの間《ま》にか、屋内《おくない》に侵入《しんにゅう》して、夜《よる》になると人《ひと》の血《ち》を吸《す》う。昼間《ひるま》は物陰《ものかげ》に隠《かく》れて休《やす》んでいる

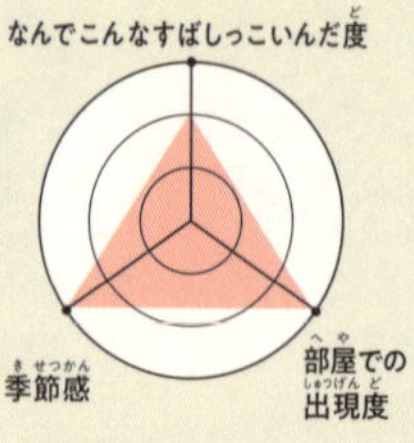
なんでこんなすばしっこいんだ度《ど》
季節感《きせつかん》
部屋《へや》での出現度《しゅつげんど》

血《ち》を吸《す》うのはメスだけ!?

カは花《はな》の蜜《みつ》、樹液《じゅえき》、果実《かじつ》などにふくまれる糖《とう》分《ぶん》を食《た》べています。ただし、卵《たまご》の発育《はついく》にはタンパク質《しつ》が必要《ひつよう》になるため、メスは産卵期《さんらんき》になると動物《どうぶつ》などの血《ち》を吸《す》います。唾液《だえき》には麻《ま》酔物質《すいぶっしつ》や血《ち》が固《かた》まらないようにする物質《ぶっしつ》が含《ふく》まれ、かゆみやはれの原因《げんいん》は、カの唾液《だえき》が引《ひ》き起《お》こすアレルギー反応《はんのう》なのです。

彼《かれ》らにさされたくなかったら、かんきつ系《けい》の香《かお》りを身《み》につけて!

カの進撃《しんげき》

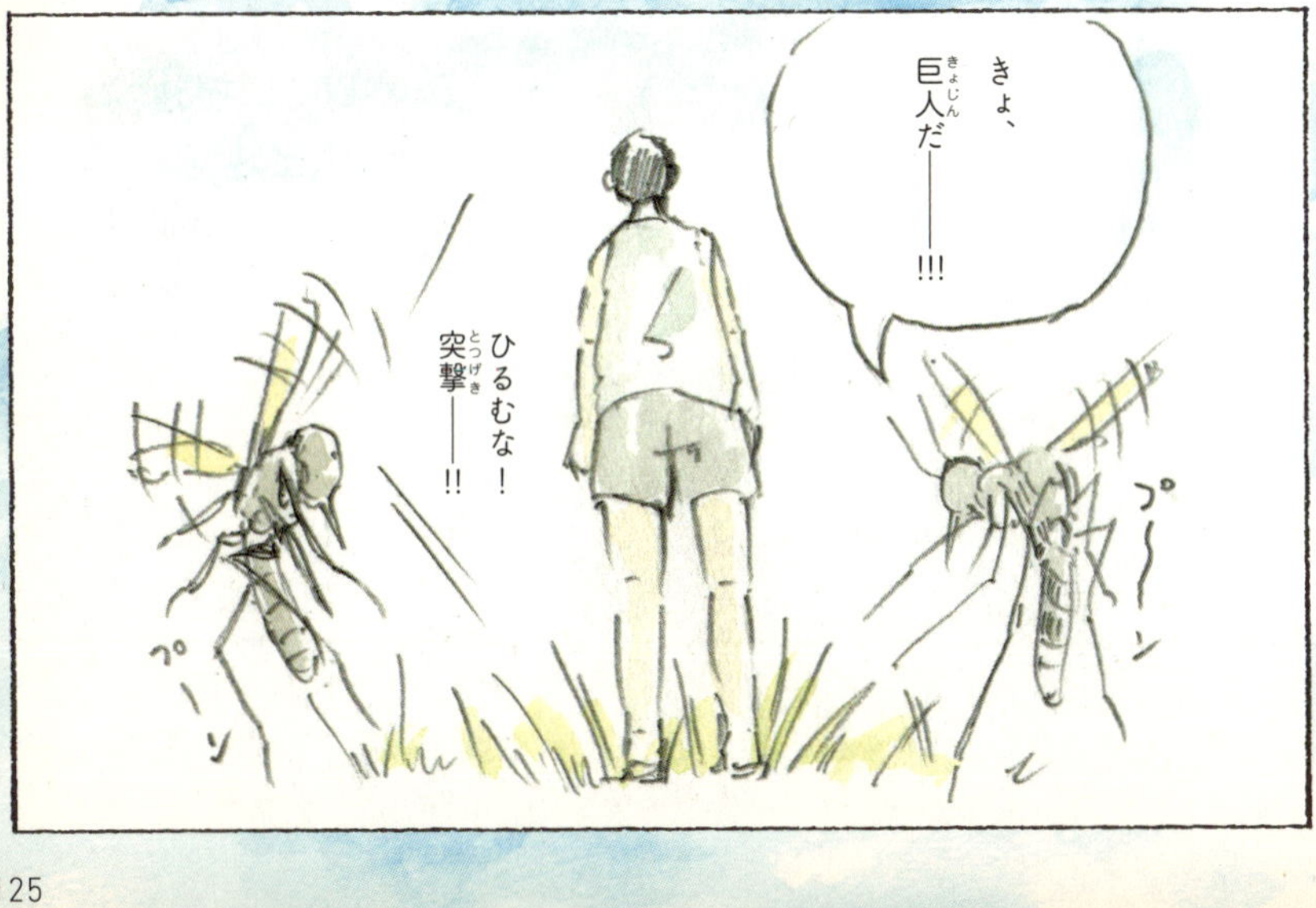

ゆるふわ度《ど》★★

ゴキブリ

家《いえ》の中《なか》を歩《ある》き回《まわ》るゴキブリは、もっとも嫌《きら》われている昆虫《こんちゅう》のひとつでしょう。体《からだ》は平《ひら》べったく、あしが発達《はったつ》しているのでとても速《はや》く走《はし》ります。狭《せま》い場所《ばしょ》を好《この》み、ふんにふくまれている集合《しゅうごう》フェロモンで仲間《なかま》を集《あつ》めます。これが「1ぴき見《み》たら100ぴきいると思《おも》え」といわれる理由《りゆう》です。

生《い》きた化石《かせき》とは
オレのことさ!

大《おお》きさ ▶ 25〜30mm

分《ぶん》布《ぷ》 ▶ 日本《にほん》（北海道《ほっかいどう》〜南西《なんせい》諸島《しょとう》）、世界各国《せかいかっこく》

メモ ▶ 人家《じんか》に現《あらわ》れる代表的《だいひょうてき》な害虫《がいちゅう》。外来種《がいらいしゅ》といわれているが、定《さだ》かではない。近年《きんねん》では、分布《ぶんぷ》を北海道《ほっかいどう》にまで広《ひろ》げている

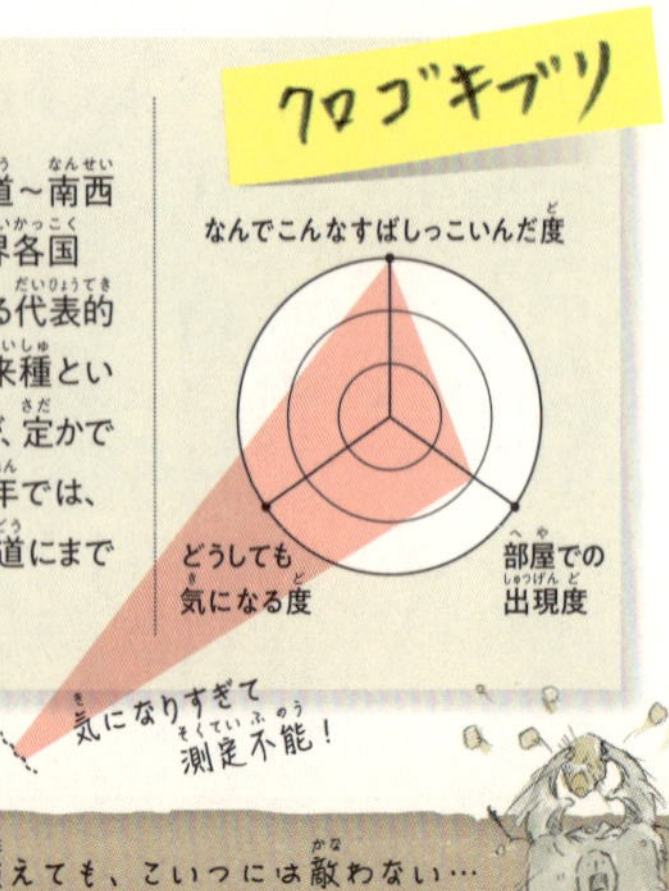
クロゴキブリ
なんでこんなすばしっこいんだ度《ど》
どうしても気《き》になる度《ど》
部屋《へや》での出現度《しゅつげんど》
気《き》になりすぎて測定不能《そくていふのう》!

どんなに鍛《きた》えても、こいつには敵《かな》わない…

大昔《おおむかし》からず〜っとゴキブリ

ゴキブリははるか昔《むかし》から今《いま》とほとんど変《か》わらない姿《すがた》で生《い》き抜《ぬ》いてきた「生《い》きた化石《かせき》」。地球《ちきゅう》ではたくさんの環境《かんきょう》の激変《げきへん》があり、いろんな生物《せいぶつ》が絶《ぜつ》滅《めつ》し、生《い》き残《のこ》ったものが進化《しんか》して少《すこ》しずつ姿《すがた》を変《か》えていきました。そんな中《なか》、ゴキブリは3億年《おくねん》以《い》上前《じょうまえ》からそれほど姿《すがた》を変《か》えずに現代《げんだい》まで生《い》き抜《ぬ》いてきた昆虫《こんちゅう》なのです。ヒト（ホモ・サピエンス）の歴史《れきし》はほんの20〜30万年《まんねん》。ゴキブリ先輩《せんぱい》はすごいのです。

ウホッ
ウホウホ！
〈このゴキブリめ！〉

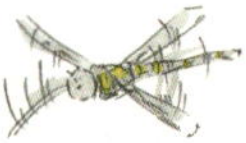
はるか昔《むかし》から昆虫界《こんちゅうかい》を見守《みまも》ってきてくれてるんだ

ゴキブリの生命力《せいめいりょく》

たとえ地球《ちきゅう》に
何《なに》がおきようと
ドン
ボロ…
オレたちは必《かなら》ず
生《い》き残《のこ》ってやる!!!

ゆるふわ度《ど》★★

シロアリ

ほとんどのシロアリは、おもに木材《もくざい》を食《た》べます。木材《もくざい》の主成《しゅせい》分《ぶん》であるセルロースはとても消化《しょうか》しにくいものですが、シロアリは体内《たいない》にセルロースを分解《ぶんかい》する原生生物《げんせいせいぶつ》を共生《きょうせい》させて、養分《ようぶん》に変《か》えてもらっているのです。

お宅《たく》におじゃましても
いいですか？

イエシロアリ

大《おお》きさ ▶ 働《はたら》きアリ約《やく》5mm、兵《へい》アリ4～6mm、女王《じょうおう》アリ約《やく》30mm

分《ぶん》　布《ぷ》 ▶ 日本《にほん》(関東以西《かんとういせい》)、台湾《たいわん》、中国《ちゅうごく》、南《みなみ》アフリカ、アメリカ大陸《たいりく》など

メ　モ ▶ 建築物《けんちくぶつ》やマツ・ヒノキの害虫《がいちゅう》として知《し》られている。6～7月《がつ》になると結婚飛行《けっこんひこう》する

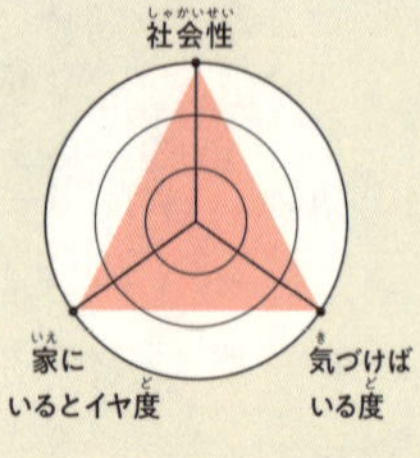

社会性《しゃかいせい》
家《いえ》に
いるとイヤ度《ど》
気《き》づけば
いる度《ど》

じつはゴキブリの仲間《なかま》

君《きみ》と僕《ぼく》はな・か・ま

姿《すがた》はアリによく似《に》ていますが、じつはゴキブリと共通《きょうつう》の祖先《そせん》をもつ昆虫《こんちゅう》。シロアリは、女王《じょおう》アリ、王《おう》アリ、兵《へい》アリ、働《はたら》きアリと役割分担《やくわりぶんたん》のある高度《こうど》な社会生《しゃかいせい》活《かつ》を営《いとな》み、階級《かいきゅう》によって体《からだ》の大《おお》きさや形《かたち》が異《こと》なります。

シロアリの仲間《なかま》

虫界《むしかい》のサグラダ・ファミリア
オオキノコシロアリ

大《おお》きさ ▶ 働《はたら》きアリ約《やく》4mm、兵《へい》アリ約《やく》8mm、女王《じょおう》アリ約《やく》100mm

分《ぶん》　布《ぷ》 ▶ アフリカ

高《たか》さ数《すう》メートルもの巨大《きょだい》な巣《す》に、何百万《なんびゃくまん》びきもの大家族《だいかぞく》ですみ、キノコを育《そだ》てて食《た》べる。兵《へい》アリは頭《あたま》で敵《てき》の進入《しんにゅう》を防《ふせ》ぎ、大《おお》あごで攻撃《こうげき》する。

アリとシロアリ

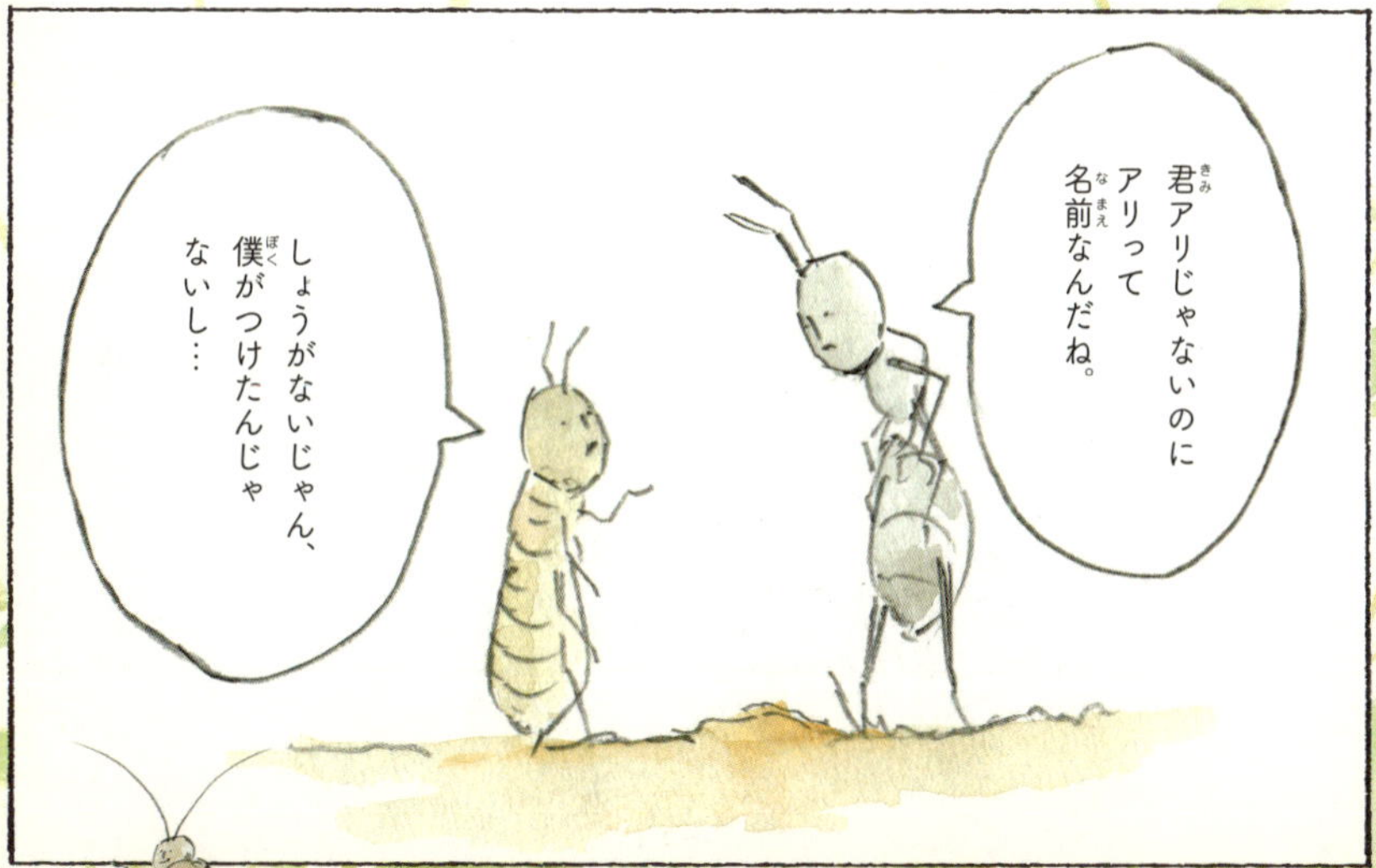

君《きみ》アリじゃないのにアリって名前《なまえ》なんだね。
しょうがないじゃん、僕《ぼく》がつけたんじゃないし…

姿《すがた》や家族《かぞく》でくらすところはアリに似《に》てるんだけどなぁ

ゆるふわ度《ど》★★★

クモ

クモは昆虫《こんちゅう》ではありません。体《からだ》は頭《あたま》と胸《むね》が一体《いったい》となった頭胸部《とうきょうぶ》と腹部《ふくぶ》の2つに分《わ》かれ、8本《ぼん》のあしがあります。腹部《ふくぶ》の先《さき》から出《で》る糸《いと》は、用途《ようと》に応《おう》じて性質《せいしつ》が変《か》わり、使《つか》い分《わ》けられています。

巣《す》こそ我《わ》が芸術《げいじゅつ》
ジョロウグモ

大《おお》きさ ▶ オス6～13mm、メス15～30mm

分《ぶん》　布《ぷ》 ▶ 日本《にほん》（本州《ほんしゅう》～南西諸島《なんせいしょとう》）、東《ひがし》アジア、インド

メ　モ ▶ メスの腹部《ふくぶ》には黄色《きいろ》と水色《みずいろ》（灰青色《はいあおいろ》）のしま模《も》様《よう》、腹部《ふくぶ》の裏側《うらがわ》は赤《あか》いもようがある。オスは小《ちい》さくて地味《じみ》。秋《あき》になると、メスが張《は》ったアミにオスが居候《いそうろう》する

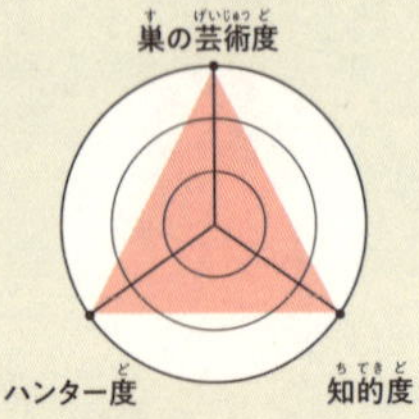
巣《す》の芸術度《げいじゅつど》
ハンター度《ど》
知的度《ちてきど》

あみの張《は》り方《かた》

クモの仲間《なかま》の約半数《やくはんすう》があみを張《は》ってエモノを捕《とら》えています。種類《しゅるい》によってあみの張《は》り方《かた》は異《こと》なり、丸形《まるがた》、たな形《がた》、おうぎ形《がた》、皿《さら》形《がた》など、さまざまな形《かたち》が美《うつく》しいですね。

うっかり自分《じぶん》であみにかからないの？

丸型《まるがた》のあみは、ねばり気《け》のある糸《いと》とない糸《いと》でできています。クモは粘《ねば》り気《け》のない放射状《ほうしゃじょう》の縦糸《たていと》を伝《つた》って移動《いどう》します。一方《いっぽう》、うずまき状《じょう》に広《ひろ》がる横糸《よこいと》はエモノをとらえるための粘《ねば》り気《け》のある糸《いと》です。まれにうっかり自分《じぶん》でひっかかってしまうこともあるとか。

クモの仲間《なかま》たち

大《おお》きさ ▶ オス5～12mm、メス8～14mm
分《ぶん》　布《ぷ》 ▶ 日本《にほん》（北海道《ほっかいどう》～南西諸島《なんせいしょとう》）

その名《な》のとおり、あしが長《なが》く、体《からだ》も細長《ほそなが》い。水平《すいへい》に丸《まる》いあみを張《は》る。あしをのばして、植物《しょくぶつ》の茎《くき》や小枝《こえだ》に止《と》まっているので、なかなか見《み》つけにくい。

カシャ
さすがモデルさん
足《あし》が長《なが》い！

アシナガグモ

あみを張《は》らないクモもいる

あみを張《は》らず、動《うご》き回《まわ》ってエモノを探《さが》すクモもいる。それらは、頑丈《がんじょう》なあしをもち、目《め》がよく発達《はったつ》している。糸《いと》も出《だ》せるが、移動時《いどうじ》の命綱《いのちづな》や卵《たまご》を糸《いと》で包《つつ》んだ「卵《らん》のう」などに使《つか》う。種類《しゅるい》によっては、糸《いと》の先《さき》にねばり気《け》のある球《たま》をつけ、それをふりまわしてエモノをとるものや、糸《いと》をはきかけてとらえるものもいる。いろいろな使《つか》い方《かた》ができる糸《いと》、かなり便利《べんり》！

クモの巣《す》の完成《かんせい》

キャラクター相関図《そうかんず》

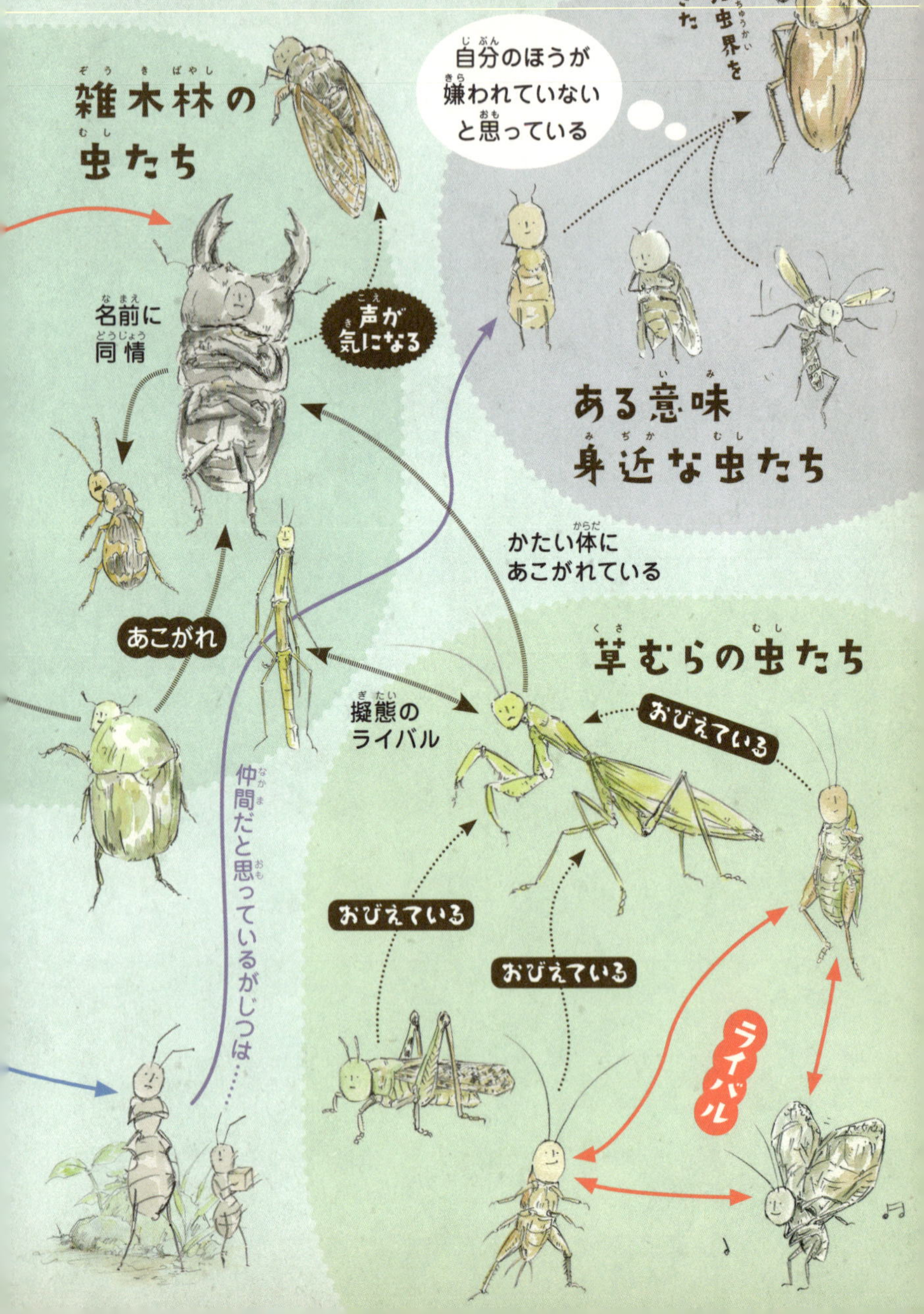

雑木林《ぞうきばやし》の虫《むし》たち
古来《こらい》より昆虫界《こんちゅうかい》を見守《みまも》ってきた
自分《じぶん》のほうが嫌《きら》われていないと思《おも》っている
名前《なまえ》に同情《どうじょう》
声《こえ》が気《き》になる
ある意味《いみ》身近《みぢか》な虫《むし》たち
かたい体《からだ》にあこがれている
あこがれ
草《くさ》むらの虫《むし》たち
擬態《ぎたい》のライバル
おびえている
仲間《なかま》だと思《おも》っているがじつは……
おびえている
おびえている
ライバル

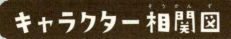

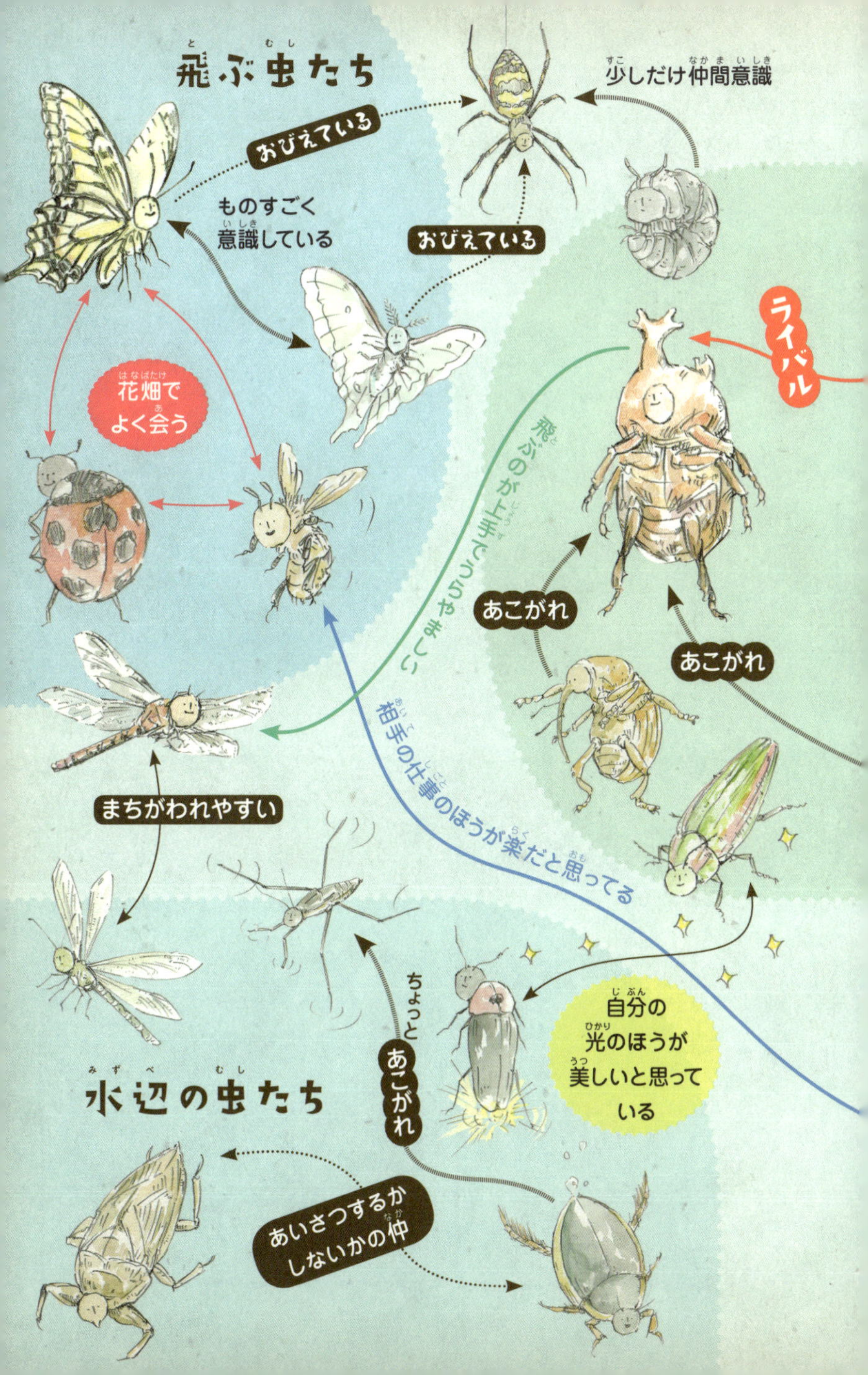
飛《と》ぶ虫《むし》たち
少《すこ》しだけ仲間意識《なかまいしき》
おびえている
ものすごく意識《いしき》している
おびえている
ライバル
花畑《はなばたけ》でよく会《あ》う
飛《と》ぶのが上手《じょうず》でうらやましい
あこがれ
あこがれ
相手《あいて》の仕事《しごと》のほうが楽《らく》だと思《おも》ってる
まちがわれやすい
ちょっとあこがれ
自分《じぶん》の光《ひかり》のほうが美《うつく》しいと思《おも》っている
水辺《みずべ》の虫《むし》たち
あいさつするかしないかの仲《なか》

ふむふむ…
小さな世界《せかい》に
こんなに
大《おお》きな世界《せかい》が
広《ひろ》がっているなんて…
カブトムシが
飛《と》ぶのが苦手《にがて》
だったり
デシ
!!
100㎞で
飛《と》ぶトンボが
いたり

昆虫《こんちゅう》って
本当《ほんとう》にふしぎが
いっぱいだなぁ
人間《にんげん》のほうが
よっぽど
ふしぎだよね
うん…

ゆるふわ 昆虫大百科《こんちゅうだいひゃっか》 INDEX《インデックス》

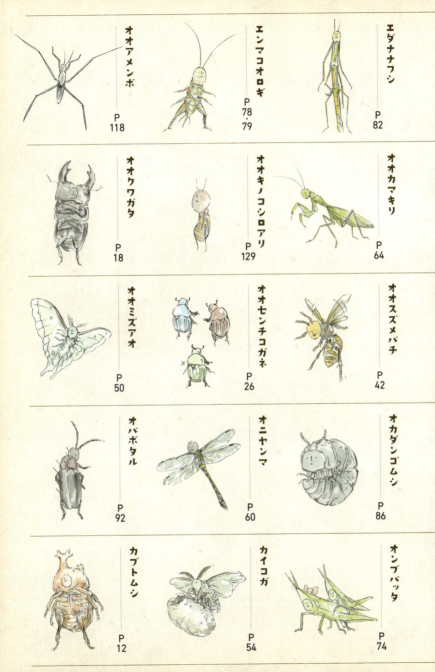

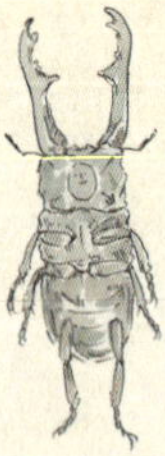

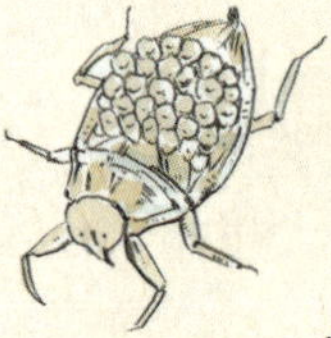

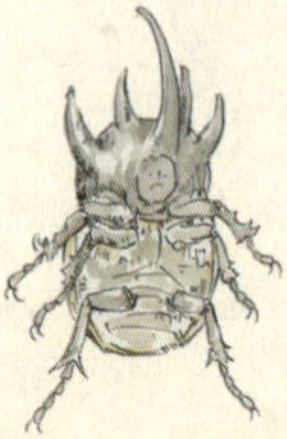

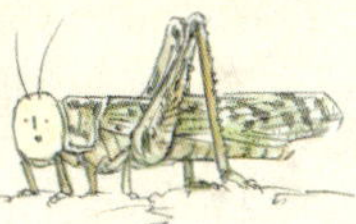

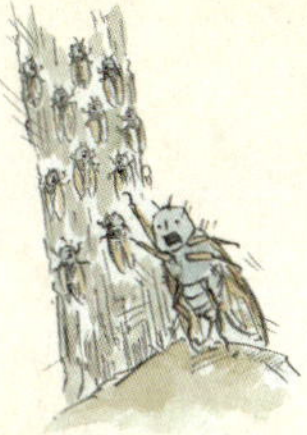

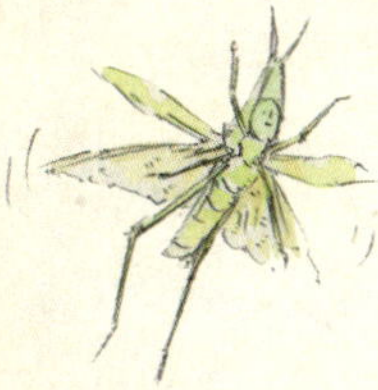

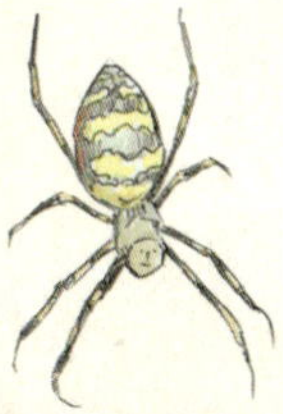

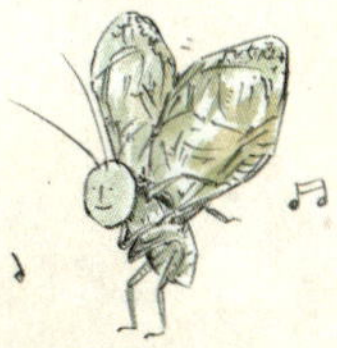

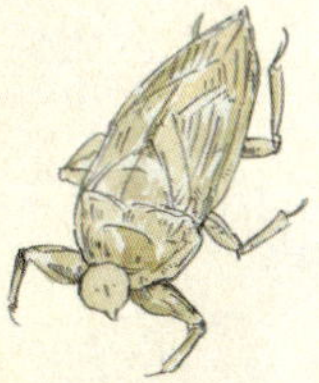

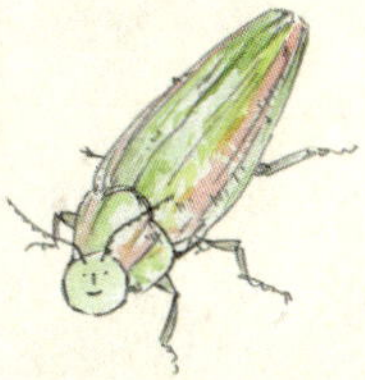

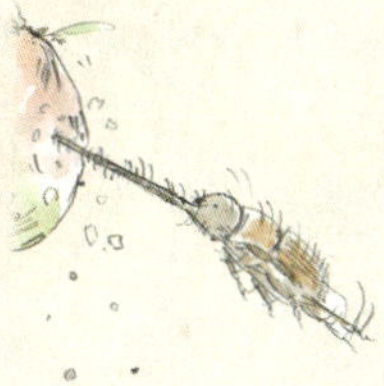

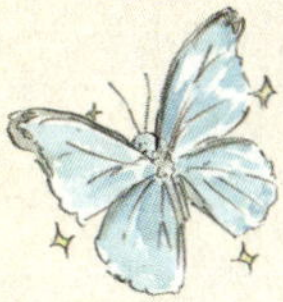

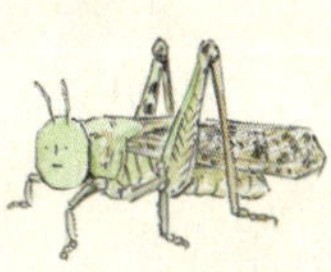

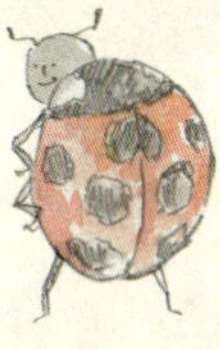

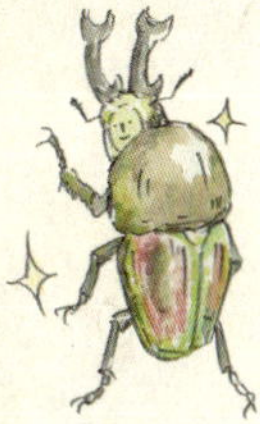

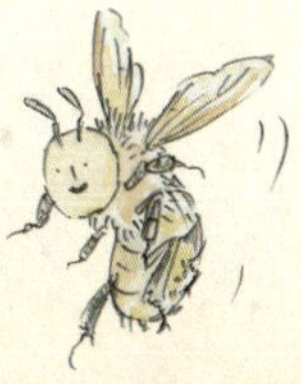

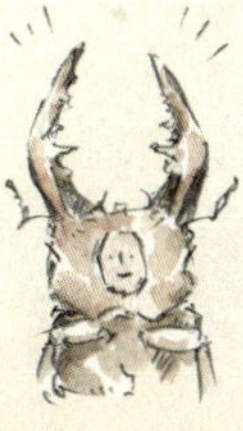

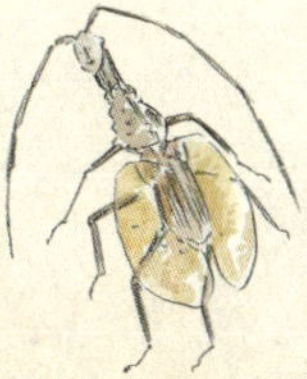

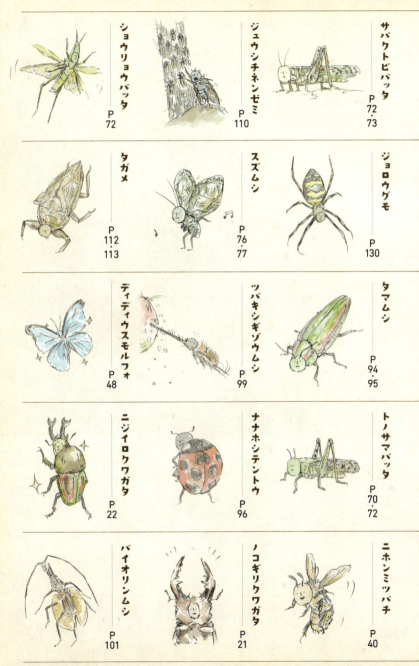

おもな参考資料

『昆虫（小学館の図鑑NEO）』小池啓一 ほか 指導・執筆（小学館）

『カブトムシ・クワガタムシ（小学館の図鑑NEO）』 小池啓一 指導・企画構成（小学館）

『昆虫（ポプラディア大図鑑WONDA）』寺山 守 監修（ポプラ社）

『かがやく昆虫のひみつ』中瀬悠太 著 野村周平 監修（ポプラ社）

『昆虫（講談社の動く図鑑 MOVE）』養老孟司 監修（講談社）

『原色で楽しむカブトムシ・クワガタムシ図鑑&飼育ガイド』 安藤"アン"誠起（実業之日本社）

『びっくり昆虫大図鑑』須田研司 監修（高橋書店）

『野山の昆虫（新ヤマケイポケットガイド）』 今森光彦、荒井真紀（山と渓谷社）

『水辺の昆虫（ヤマケイポケットガイド）』今森光彦（山と渓谷社）

『今、絶滅の恐れがある水辺の生き物たち』 内山りゅう 編・写真 市川憲平 解説（山と渓谷社）

『田んぼの生き物図鑑』内山りゅう（山と渓谷社）

『昆虫の写真図鑑』ジョージ・C・マクガヴァン（日本ヴォーグ社）

『すごい虫131 大昆虫博公式ガイドブック』 養老孟司、奥本大三郎、池田清彦 監修（デコ）

『昆虫はすごい』丸山宗利（光文社）

『昆虫の生態図鑑（大自然のふしぎ 増補改訂）』（学研教育出版）

『昆虫生態学』藤崎憲治（朝倉書店）

『知られざる動物の世界 クモ・ダニ・サソリのなかま』 ケン・P・マファム（朝倉書店）

『ビジュアル 世界一の昆虫』 リチャード・ジョーンズ（日経ナショナルジオグラフィック社）

『世界びっくり昆虫大集合』矢島稔 監修（成美堂出版）

『孤独なバッタが群れるとき サバクトビバッタの相変異と大発生』 前野ウルド浩太朗（東海大学出版会）

『ホタルの不思議』大場信義（どうぶつ社）

『ビジュアルサイエンス 世界の珍虫101選』 海野和男（誠文堂新光社）

『日本産セミ科図鑑』林 正美、税所康正（誠文堂新光社）

『増補改訂版 日本のクモ』新海栄一（文一総合出版）

『日本のカミキリムシハンドブック』鈴木知之（文一総合出版）

『アリハンドブック』寺山 守（文一総合出版）

『新訂 水生生物ハンドブック』刈田敏三（文一総合出版）

『鳴く虫ハンドブック』奥山風太郎（文一総合出版）

『クモハンドブック』馬場友希（文一総合出版）

『ハエトリグモハンドブック』須黒達巳（文一総合出版）

『学研の図鑑 カブトムシ・クワガタムシ』岡島秀治（学習研究社）

『学研の図鑑 世界の昆虫』岡島秀治（学習研究社）

『学研の大図鑑 日本産アリ類全種図鑑』 アリ類データベースグループ（学習研究社）

『学研の大図鑑 危険・有毒生物』野口玉雄 監修（学習研究社）

『学研の図鑑 LIVE 昆虫』岡島秀治（学研プラス）

『学研の図鑑 LIVE 危険生物』今泉忠明 監修（学研プラス）

『原色昆虫大図鑑I』矢田脩（北隆館）

『原色昆虫大図鑑II』森本桂（北隆館）

『原色昆虫大図鑑III』平嶋義宏ほか（北隆館）

『学生版日本昆虫図鑑』小川賢一（北隆館）

『トンボのすべて』井上清、谷幸三（トンボ出版）

『赤トンボのすべて』井上清、谷幸三（トンボ出版）

『アメンボのふしぎ』乾 實（トンボ出版）

『カマキリのすべて』岡田正哉（トンボ出版）

『ナナフシのすべて』岡田正哉（トンボ出版）

『ずかん 落ち葉の下の生きものとそのなかま』 ミミズくらぶ（技術評論社）

『昆虫博士入門』山﨑秀雄 著 大野正男 監修（全国農村教育協会）

『狩蜂生態図鑑』田仲義弘（全国農村教育協会）

『世界のクワガタ ギネス』西山保典（エルアイエス）

『世界でいちばん素敵な昆虫の教室』 森山晋平 文 須田研司 監修

『虫の呼び名事典』森上信夫（世界文化社）

『ダンゴムシの本 まんまる一冊だんごむしガイド』 奥山風太郎＋みのじ（DU BOOKS）

『世界珍虫図鑑 改定版』 川上洋一 著 上田恭一郎 監修

『チャイルド科学絵本館 しぜんなぜなぜえほん6 ありのなぜなぜ？』須田孫七 監修（チャイルド本社）

『昆虫の不思議』丸山宗利（宝島社）

『原色図鑑 世界の美しすぎる昆虫』 丸山宗利（宝島社）

『世界のカマキリ観察図鑑』海野和男（草思社）

『きらめく甲虫』丸山宗利（幻冬舎）

『だから昆虫は面白い くらべて際立つ多様性』 丸山宗利（東京書籍）

『野山の鳴く虫図鑑』瀬長剛（偕成社）

じゅえき太郎の
ゆるふわ昆虫大百科

2018年5月12日　初版第1刷発行
2018年5月22日　初版第2刷発行

著者	じゅえき太郎
監修者	須田研司（むさしの自然史研究会）
発行者	岩野裕一
発行所	株式会社実業之日本社
	〒153-0044
	東京都目黒区大橋1-5-1 クロスエアタワー8階
	電話（編集）03-6809-0452
	（販売）03-6809-0495
	http://www.j-n.co.jp/
印刷・製本	大日本印刷株式会社
イラスト	じゅえき太郎
執筆	中野富美子
デザイン	柿沼みさと（カキヌマジムショ）
編集協力	近藤雅弘（むさしの自然史研究会）
	佐藤 暁（アマナ／ネイチャー＆サイエンス）
	多摩六都科学館
編集	杉山亜沙美

©JuekiTaro 2018 Printed in Japan
ISBN 978-4-408-33766-1（第一児童）

本書の一部あるいは全部を無断で複写・複製（コピー、スキャン、デジタル化等）・転載することは、法律で定められた場合を除き、禁じられています。また、購入者以外の第三者による本書のいかなる電子複製も一切認められておりません。

落丁・乱丁（ページ順序の間違いや抜け落ち）の場合は、ご面倒でも購入された書店名を明記して、小社販売部あてにお送りください。送料小社負担でお取り替えいたします。ただし、古書店等で購入したものについてはお取り替えできません。

定価はカバーに表示してあります。小社のプライバシーポリシー（個人情報の取り扱い）は上記ホームページをご覧ください。


最後まで読んでくれてありがとう！